“十三五”国家重点研发计划课题（2018YFD0600202）资助

九龙山生物多样性系列

北京九龙山常见昆虫图谱

Atlas of Common Insects in Jiulong Mountain, Beijing

张永安　章尧想　主编

河南科学技术出版社
·郑州·

图书在版编目（CIP）数据

北京九龙山常见昆虫图谱 / 张永安，章尧想主编. — 郑州：河南科学技术出版社，2021.6

ISBN 978-7-5725-0402-0

Ⅰ. ①北… Ⅱ. ①张… ②章… Ⅲ. ①昆虫—北京—图谱 Ⅳ. ①Q968.221-64

中国版本图书馆CIP数据核字（2021）第083297号

出版发行：河南科学技术出版社

地址：郑州市郑东新区祥盛街27号　邮编：450016

电话：（0371）65737028　65788613

网址：www.hnstp.cn

邮箱：hnstpnys@126.com

策划编辑：杨秀芳

责任编辑：申卫娟

责任校对：司丽艳

整体设计：张　伟

责任印制：张艳芳

印　　刷：河南瑞之光印刷股份有限公司

经　　销：全国新华书店

开　　本：787 mm × 1 092 mm　1/16　印张：29.5　字数：620千字

版　　次：2021年6月第1版　2021年6月第1次印刷

定　　价：320.00元

编写委员会

主　编： 张永安　章尧想

副主编： 李恩杰　孙丽芳　高　旭　段立清　王青华　辛学兵　汤志敏　张悦文

编　委： 余　海　刘慧慧　王玉珠　蔡京艳　田　华　孔　斌　贺淑霞　孔庆云　杨德付　梁文新　王晓丽　郭铁宝　马志强　郭　嘉　甄春生

摄　影： 张永安

前　言

九龙山位于北京市门头沟区龙泉镇、妙峰山镇和王平镇境内，东临永定河，南与潭柘寺镇接壤。九龙山为石质山，是太行山的余脉。九龙山名字的来历已无从考证，据说是因山势而得名，沿峰口庵—刺玫花坨—九龙庙—火车头至永定河畔为一条主山脉，主山脉两侧各有四条山脊蜿蜒而下，宛如九条巨龙，得名九龙山。九龙山属古北界华北区黄土高原亚区和黄淮平原亚区的过渡地带，动物区系以古北界种类为主，具有明显的华北特点，既是古北界、东洋界动物种类相互渗透的地区，又是古北界的蒙新区、东北区、华北区的交会区，是一个具有过渡性的地带，属温带大陆性气候，四季分明。九龙山地区海拔100~990 m，年均气温为11.7 ℃，最热月份为7月，平均气温为25.8 ℃。年均降水量为650.4 mm，年最大降水量为959.4 mm，年最小降水量为285.3 mm，降水多集中在7、8两个月，约占全年降水量的64%。

九龙山的植被类型和植物种类受人为影响严重，以人工林为主，有植物500余种，大型真菌600余种，脊椎动物100余种，森林覆盖率达90%以上，主要森林类型有：天然次生林，暴马丁香、大果榆和灌木林等；人工林，油松、侧柏、华北落叶松、栓皮栎、元宝枫和山楂林等；多树种针阔混交、阔叶混交林；山上还散生着小叶朴、康椴、核桃楸、山樱桃、山葡萄、杜梨、核桃、山杏、桑树等。

北京九龙山有昆虫2 000余种，造成危害的昆虫种类有光肩星天牛、桃红颈天牛、双条杉天牛、松阴吉丁、叶蜂、桑螨、樗蚕、落叶松蚜虫等；具重要经济和观赏价值的昆虫有大紫蛱蝶、柑橘凤蝶、蛇眼蝶、灿福蛱蝶和多种传粉昆虫等。掌握林区昆虫资源，对开展害虫防治、珍稀昆虫的保护和利用、教学、研究和科学普及等都具有重要意义。

《北京九龙山常见昆虫图谱》编著历时5年，参考了国内外同类著作的编写特点，以无脊椎动物分类规则进行排列，并根据习惯把蜘蛛目、盲蛛目、等足目和带马陆目也收入书中。本书记录的昆虫种类共计16目187科836种，每种昆虫介绍由文字和图片组成，文字描述了昆虫的中文名和学名、昆虫的部分形态特征和寄主与习性等，图片展示了昆虫的生态特征。本书收录的昆虫种类除了绿尾大蚕蛾、葡萄天蛾等8种是灯诱昆虫外，其他均是白天拍摄的昆虫生态照片。

本书在昆虫种类鉴定等方面得到了中国农业大学彩万志教授、杨定教授，北京市农林科学院虞国跃研究员，中国林科院森环森保所杨忠岐教授、曹亮明博士，江西师范大学魏美才教授的大力帮助，曹亮明博士还提供了白须绒天蛾等6种灯诱昆虫照片。本书由“十三五”国家重点研发计划课题“林业生物灾害无公害共性关键防控技术与装备”（2018YFD0600202）资助，在此一并表示诚挚的谢意。

由于编著者水平有限，加之昆虫种类繁多和掌握的参考资料有限，若有错漏之处，欢迎读者批评指正。

编者

2020年11月26日

目录

脉翅目

鞘翅目

毛翅目

鳞翅目

双翅目

膜翅目

蜘蛛目

盲蛛目

等足目

带马陆目

蜻蜓目

Odonata

红蜻 *Crocothemis servilia* (Drury)

蜻科 Libellulidae

又名猩红蜻蜓、红蜻蜓。

形态特征：成虫体长16.0~18.0 mm，后翅长34.0~39.0 mm，雌虫体黄色，未熟雄虫体色似雌虫，后加深至鲜红色；触角第1节及第2节基部外侧黑色，第2、3节端部及第4节中部黑棕色；喙第2节短于第3节，第3节与第4节约等长；前胸背板侧缘黑色，中胸及后胸侧板上各具1个黑色斑点；前翅革片外缘淡黄色，无黑色边缘。

寄主与习性：捕食蚊蝇等小型昆虫。

白尾灰蜻 *Orthetrum albistylum* Sélys

蜻科 Libellulidae

又名盐霜灰蜻蛉、白刃蜻蜓。

形态特征：成虫体长37.0~40.0 mm，后翅长40.0~43.0 mm，雄虫体灰白色，覆白色粉被；额黄色，头顶黑色；胸部背面具2条黑色条纹，胸侧各具3条黑色斜纹；翅脉和翅痣黑色，翅端带小的烟色斑；腹背两侧具黑色纵纹，腹部第1~6节黄色，其余黑色；足黑色，具刺。雌虫体黄色，腹背具不连续黑褐色斑，第7~9节黑色，第10节白色。

寄主与习性：捕食摇蚊等小型昆虫。

黄蜻 *Pantala flavescens* (Fabricius)

蜻科 Libellulidae

又名薄翅蜻蜓。

形态特征：成虫体长16.0~18.0 mm，后翅长34.0~41.0 mm，整体黄褐色；复眼上部分红色，下部分蓝青色；合胸前方黄褐色，脊黑色；翅透明，无斑点，翅痣淡黄色，后翅较前翅宽大。雄虫腹部背面红色，具黑色条纹或斑点；雌虫腹部黄色，具黑色条纹。

寄主与习性：捕食蚊蝇等小型昆虫。

玉带蜻 *Pseudothemis zonata* (Burmeister)

蜻科 Libellulidae

又名黄纫蜻蜓。

形态特征：雌虫腹长27.0~35.0 mm，后翅长34.0~41.0 mm，雄虫腹长28.0~32.0 mm，后翅长28.0~31.0 mm，体黑色；头顶及瘤状突蓝黑色，额黄色；胸部具黄色长毛，背具不明显条纹，肩前下条纹黄色，胸部两侧各具2条黄色斜条纹；腹部第3、4节黄白色；翅透明，翅痣黑色，前缘附近略带黄色，翅端与翅基有黑褐斑；后翅基的斑大；足黑色。

寄主与习性：捕食棉铃虫等小型昆虫。

黑丽翅蜻 *Rhyothemis fuliginosa* Sélys　蜻科 Libellulidae

形态特征： 成虫体长16.0~18.0 mm，后翅长31.0~37.0 mm，整体黑色，具有蓝绿色金属光泽，无明显条纹；腹部细短，无斑纹；翅黑彩色，翅痣黑色；足短小，黑色。雄虫前翅前端透明，雌虫前翅和后翅前端透明。

寄主与习性： 取食孑孓（蚊子幼虫）。

大陆秋赤蜻 *Sympetrum depressiusculum* (Sélys)　蜻科 Libellulidae

形态特征： 成虫体长18.0~26.0 mm，后翅长21.0~29.0 mm，整体黄色略带橙色；前胸背板侧缘黑色，中胸及后胸侧板上各具1个黑色斑点；翅透明略带黄色，翅痣灰白色至淡黄色；足基部黄色，其余部分黑色。

寄主与习性： 在草地觅食小型昆虫，在池沼附近繁衍。

竖眉赤蜻 *Sympetrum eroticum ardens* Mclachlan

蜻科 Libellulidae

又名焰红蜻蜓、小老虎儿或小辣椒儿。

形态特征：成虫腹长25.0~30.0 mm，后翅长26.0~33.0 mm，复眼双色，上部红色，下部黄色或黄绿色。雌雄异色，雄虫合胸侧面黄色，腹部红色，下方具有黑色斑点；翅透明，翅痣红褐色或黑褐色。雌虫腹部黄色，侧面或下方具有黑斑；翅透明或在前方具有褐色条带，翅痣黑褐色。

寄主与习性：捕食小型昆虫。

方氏赤蜻 *Sympetrum fonscolombii* (Sélys)

蜻科 Libellulidae

又名红纹蜻蜓。

形态特征：成虫体长16.0~18.0 mm，体黄褐色；触角第1节及第2节基部外侧黑色，第2、3节端部及第4节中部黑棕色；喙第2节短于第3节，第3节与第4节约等长；前胸背板侧缘黑色，中胸及后胸侧板上各具1个黑色斑点；前翅革片外缘淡黄色，无黑色边缘。

寄主与习性：捕食小型昆虫。

小黄赤蜻 *Sympetrum kunckeli* (Sélys)　蜻科 Libellulidae

形态特征：成虫腹长19.0~26.0 mm，后翅长24.0~29.0 mm，头部、下唇黄色，上唇黄褐色，前、后唇基及额淡黄带橄榄色；头顶中央为一大突起；前胸黑色，具黄色斑纹，合胸背前方黄色，具黑色条纹，合胸侧面黄色带橄榄色，具黑色条纹；腹部红色或红褐色，具黑色斑纹；翅透明，翅痣黄褐色；足基、转节和前足腿节下方黄色。

寄主与习性：捕食小型昆虫。

条斑黄赤蜻 *Sympetrum striolatum* (Charpentier)　蜻科 Libellulidae

形态特征：成虫体长27.0~33.0 mm，后翅长27.0~33.0 mm，雌雄异色。雄虫复眼上部红色，下部淡黄色；合胸红褐色具细黑色条纹；翅透明，前缘黄褐色，翅痣黄色或黑色；腹部红色或红棕色，具黑色斑点；足外侧黄色，其余为黑色。雌虫体黄色或橙黄色；合胸侧面具黑色细条纹；翅透明，前缘黄色或橙黄色，翅痣黑色；腹部红色或橙黄色。

寄主与习性：捕食小型昆虫。

大黄赤蜻 *Sympetrum uniforme* (Sélys)

蜻科 Libellulidae

形态特征： 成虫腹长23.0~29.0 mm，后翅长25.0~31.0 mm，翅展66.0 mm，雌雄体色相同，整体黄褐色；复眼红色；腹背中部深褐色；翅透明，略呈烟黄色，向前缘渐深，翅痣褐黄色；足两侧黑黄两色，足尖黑色。

寄主与习性： 捕食林地小型昆虫，喜欢停留在植物顶端。

北京大蜓 *Cordulegaster pekinensis* McLachlan

大蜓科 Cordulegasteridae

形态特征： 成虫体长70.0~81.0 mm，后翅长43.0~51.0 mm，腹长53.0~63.0 mm，整体黑黄相间；复眼黄色；背部有黑色条纹；腹部末端1节黑色；翅透明，翅痣黑色；足基节至腿节前半部为黄色或黄绿色，其余为黑色，具刺。

寄主与习性： 捕食林地小型昆虫。

棘角蛇纹春蜓 *Ophiogomphus spinicornis* Sélys

春蜓科 Gomphidae

又名宽纹北箭蜓，国家二级重点保护野生动物。

形态特征：成虫腹长37.0~49.0 mm，后翅长31.0~41.0 mm，体鲜绿色；合胸鲜绿色，具黑色条纹；腹部黑色，具绿色粗条纹；翅透明，翅痣黑色；足基节至腿节前半部为黄色或黄绿色，其余为黑色。

寄主与习性：捕食林地小型昆虫。

东亚异痣蟌 *Ischnura asiatica* (Brauer)

蟌科 Coenagrionidae

形态特征：成虫腹长13.0~23.0 mm，后翅长16.0~19.0 mm。雄虫合胸背面前方黑色，具1对很细的绿纹；腹背黑色，第9腹节完全蓝色；翅透明；足黑色至淡绿色。雌虫体黄绿色至黄褐色，合胸背面前方具1条较宽的黑带，腹部背面黑色，侧缘黄色；雄虫单眼后具绿色斑，前翅翅痣双色。

寄主与习性：常活动于低海拔山区的池塘、沼泽等水域。

长叶异痣螅 *Ischnura elegans* (Vander Linden)　　螅科 Coenagrionidae

形态特征：成虫腹长21.0~26.0 mm，后翅长17.0~23.0 mm，雄虫下唇白色，额黑色，头顶黑色；复眼上部黑色，下部天蓝色；单眼后色斑青蓝色，圆形；前胸黑色，合胸背面前方黑色，具1对蓝色条纹；腹部第2腹节具强烈的金属光泽，第3~7腹节背面为古铜色，第7、9腹节下方和第8腹节整体蓝色；翅透明，前翅翅痣由黑色和蓝色共同构成，后翅翅痣灰白色；足由黑色和淡蓝色构成。雌虫体色与雄虫相差较大，全身以淡绿色为主，腹端无斑点。

寄主与习性：稚虫水生，成虫捕食蚜虫、蝇等多种小型昆虫。

隼尾螅 *Paracercion hieroglyphicum* (Brauer)　　螅科 Coenagrionidae

又名小蜻蜓。

形态特征：成虫腹长21.0~25.0 mm，后翅长13.0~19.0 mm，头部被细毛；复眼大而圆，为天蓝色或暗绿色；合胸密被细毛，蓝色，具黑色条纹；腹部天蓝色或蓝色并具黑色斑纹；翅透明，翅痣淡赭色；足为蓝色或黑色。

寄主与习性：稚虫水生，成虫捕食蚜虫等多种小型昆虫。

七条尾蟌 *Paracercion plagiosum* (Needham)　蟌科 Coenagrionidae

形态特征：成虫腹长27.0~31.0 mm，后翅长19.0~24.0 mm，雄虫整体蓝色，雌虫整体绿色；复眼绿色；腹部蓝色或绿色，背面具黑色斑纹；翅透明，翅痣白色或浅蓝色；足绿色或黑色。

寄主与习性：捕食蚜虫等多种小型昆虫。

透顶单脉色蟌 *Matrona basilaris* Sélys　色蟌科 Calopterygidae

形态特征：成虫腹长49.0~55.0 mm，后翅长39.0~45.0 mm，体大型，雌雄异色；雄虫前胸暗绿色；合胸脊黑色，侧面金绿色并具2条黑色斑纹；翅不透明，基部至中部蓝灰色，外缘具灰色边缘，其余部分黑色，前翅翅尖呈半透明状，无翅痣；足细长，黑褐色或黑色，具长刺。

寄主与习性：喜栖于清澈的河流、溪沟，以及两岸植被茂盛的环境。

蜚蠊目

Blattaria

中华真地鳖 *Eupolyphaga sinensis* (Walker)　　地鳖蠊科 Corydiidae

又名中华地鳖、土鳖虫、䗪虫、过街、地乌龟、接骨虫、土元、土咩咩、簸箕虫。

形态特征：雌雄二型。雌虫体长30.0~35.0 mm，体宽25.0~30.0 mm，体近黑色，扁平，椭圆形，背部稍隆起似锅盖；头小，隐于前胸下；触角丝状，黑褐色；复眼大，呈肾形；背面赤褐色至黑褐色，稍有灰蓝色光泽。雄虫前翅具褐色网状斑纹；腹部9节；前足胫节具端刺8个，前、中、后足的跗节都是5节。

寄主与习性：喜食腐殖质等，活动于松土中。

冀地鳖 *Polyphaga plancyi* Bolívar　　地鳖蠊科 Corydiidae

形态特征：雌虫体长30.0~36.0 mm，体上下扁平；头小，向腹面弯曲；大颚坚硬；触角丝状，长而多节；复眼发达，环绕触角如肾脏形；前胸扩大如盾状，前狭后阔，盖于头上。雄虫体长21.0~24.0 mm，前胸呈波状纹，具缺刻和2对翅，前缘弓起；前翅革质，后翅膜质；腹部第1腹节极短，腹板不发达，第9腹板具1对腹刺；足3对，发育相等，具细毛，生刺颇多，基部扩大。

寄主与习性：喜食腐殖质等，多生活于野外树根落叶层及石块下阴湿处。

螳螂目

Mantodea

广腹螳螂 *Hierodula patellifera* (Serville)　螳科 Mantidae

又名广斧螳、台湾斧螳。

形态特征：雌虫体长57.0~63.0 mm，雄虫体长41.0~56.0 mm，体绿色或褐色，头部三角形；复眼发达；触角细长，丝状；前胸背板粗短，呈长菱形，几乎与前足基节等长，前胸腹极平；腹部很宽；前翅前缘区宽，翅长过腹，股脉处具1个浅黄色翅斑；后翅与前翅等长；中、后足基节短。

寄主与习性：捕食蚜虫、叶蝉、杨毒蛾等多种昆虫。

薄翅螳螂 *Mantis religiosa* (Linnaeus)　螳科 Mantidae

又名合掌螳螂。

形态特征：雌虫体长57.0~60.0 mm，雄虫体长47.0~56.0 mm，体淡绿色或淡褐色；前翅薄而透明，略带革质；后翅在腹端超过前翅；前足基节长度等于或略长于前胸背板后半部，基节内面基部具1个长形黑色斑，腿节内面中央具1个枯黄色斑。

寄主与习性：捕食蝇类及鳞翅目的小型昆虫等。

枯叶大刀螂 *Paratenodera aridifolia* (Stoll)　　螳科 Mantidae

形态特征：雄虫体长73.0~77.0 mm，雌虫体长78.0~86.0 mm，体绿色或褐色；后翅基部具大黑纹；前胸背板狭长，两侧缘近于平行，横沟前区中纵沟两侧具小颗粒，沟后区小颗粒较少；前胸背板沟后区与前足基节长度之差较大，雄虫的前胸背板沟后区与前足基节长度差约为背板最宽处的1.5倍，雌虫约为1倍。

寄主与习性：捕食多种昆虫。

中华大刀螂 *Paratenodera sinensis* Saussure　　螳科 Mantidae

又名大刀螳螂。

形态特征：雌虫体长60.0~120.0 mm，雄虫体长68.0~87.0 mm，体暗褐色或绿色；头三角形，复眼大而突出；前胸背板长21.0~28.0 mm，前端略宽于后端，两侧具有明显的齿列，后端齿列不明显。雌虫腹部较宽，前翅前缘区较宽，草绿色，革质；后翅不超过前翅的末端，带有烟斑色；足细长，前足腿节下部外线具刺。

寄主与习性：捕食杨扇舟蛾、蝗虫、大青叶蝉、松大蚜等农林害虫。

小刀螂 *Statilia maculata* (Thunberg)　螳科 Mantidae

又名棕静螳、棕污斑螳、小螳螂。

形态特征： 成虫体长48.0~95.0 mm，体灰褐色至暗褐色，散布不规则的黑褐色刻点；头部稍大，呈三角形；前胸背板细长，侧缘细齿排列明显，侧角部的齿稍特殊；前翅革质，末端钝圆，带黄褐色或红褐色，具污黄色斑点；后翅翅脉暗褐色；前胸足腿节内侧基部及胫节内侧中部各具1个大型黑色斑纹。

寄主与习性： 捕食负蝗等农林害虫。

中华螳螂 *Tenodera sinensis* Saussure　螳科 Mantidae

形态特征： 雌虫体长74.0~90.0 mm，雄虫体长68.0~77.0 mm，体暗褐色或绿色；前胸背板长23.0~28.0 mm，前半部中纵沟两侧排列有许多小颗粒，侧缘齿列明显，后半部稍长于前足基节长度，中隆线两侧小颗粒不明显；前翅翅端较钝；后翅基部具明显大黑斑。

寄主与习性： 捕食棉铃虫、叶蝉、蚜虫等多种昆虫。

直翅目

Orthoptera

短额负蝗 *Atractomorpha sinensis* Bolívar

锥头蝗科 Pyrgomorphidae

又名短角异腿蝗、小尖头蚱蜢。

形态特征：雌虫体长27.9~35.1 mm，雄虫体长18.9~23.1 mm，体绿色或褐色（冬型），体表具浅黄色瘤状突起；头尖削，绿色型自复眼起向斜下具1条粉红纹，与前、中胸背板两侧下缘的粉红纹衔接；前翅长度超过后足腿节端部约1/3；后翅基部红色，端部淡绿色。

寄主与习性：取食多种农林植物杂草。

长角胸斑蝗 *Apalacris antennata* (Liang)

斑腿蝗科 Catantopidae

形态特征：雄虫体长17.0~20.0 mm；触角黑褐色，端部第4~5节黄色；前胸背板侧片后缘具黄色斑，其下端延伸达中横沟；前翅褐色；后翅淡蓝色，前缘及后缘深烟色。雌虫体大于雄虫，触角长超过后足股节基部，中段一节的长为宽的4倍；前翅仅达后足股节膝前环处。

寄主与习性：常活动于平地及低海拔地区草丛。

短星翅蝗 *Calliptamus abbreviatus* (Ikonnikon)　斑腿蝗科 Catantopidae

形态特征：雄虫体长12.9~21.1 mm，雌虫体长24.9~32.1 mm，体褐色至暗褐色；前胸背板具明显的中纵隆线及细齿，其间3条纵沟明显，后横沟割断中隆线；前翅短，仅达后足股节的顶端，翅上具许多黑色小点；后翅黄褐色。雄虫腹部末节背板的后缘无尾片。

寄主与习性：杂食性，喜食豆类及禾本科植物。

红褐斑腿蝗 *Catantops pinguis* pinguis (Stål)　斑腿蝗科 Catantopidae

形态特征：雌虫体长32.9~34.1 mm，雄虫体长23.9~25.1 mm，体红褐色至灰褐色；前胸背板平滑、密布小刻点，中隆线明显，无侧隆线；前胸背板前缘平直，后缘突出呈圆角形，侧片长略大于高；前胸腹板突圆柱形，顶端圆形；中胸腹板侧叶相互连接。

寄主与习性：取食禾本科、旋花科、菊科、豆科、茄科等多种植物。

短角外斑腿蝗 *Xenocatantops brachycerus* (Willemse)　斑腿蝗科 Catantopidae

又名短角异腿蝗。

形态特征：雄虫体长17.4~21.1 mm，雌虫体长19.9~28.1 mm，体褐色；前胸背板的沟前区较紧缩，背面和侧片具粗刻点；前胸腹板突钝锥形，顶端宽圆，微向后倾斜；前翅微烟色；后翅基部淡黄色；后足股节外侧黄色，具2个黑褐色或黑色横斑纹，此2个斑纹下行，并沿着下隆线纵向延伸，下缘褐色；后足胫节红色。

寄主与习性：取食禾本科等植物。

花胫绿纹蝗 *Aiolopus tamulus* (Fabricius)　斑翅蝗科 Oedipodidae

形态特征：雄虫体长14.9~21.4 mm，雌虫体长19.9~29.1 mm，体瘦长，暗褐色至黄褐色，色彩鲜明；头侧面在复眼下常具绿斑，头侧窝梯形，颜面倾斜；前胸背板上具“X”形纹，侧片底缘及沟后区常呈鲜绿色，中隆线较低；前翅狭长，具黑色大斑，基部近前缘处具鲜绿色纵纹；后足股节内侧具2个黑斑，膝黑色，胫节基部1/3黄色，中部蓝色，顶端鲜红色。

寄主与习性：取食禾本科等植物。

红翅皱膝蝗 *Angaracris rhodopa* (Fischer von Walheim) 斑翅蝗科 Oedipodidae

形态特征：雄虫体长22.0~30.0 mm，雌虫体长27.0~33.0 mm，体浅绿色或黄褐色，常具粗大刻点、短隆线和细碎褐色斑点；头顶宽平，与颜面隆起形成圆形；头侧窝明显，三角形；前、后翅发达，超过后足胫节中部；后翅透明，基部玫瑰红色；后足胫节橙红色或黄色，基部膨大，部分具平行的细隆线。

寄主与习性：取食禾本科、蔷薇科、菊科、百合科等植物。

轮纹异痂蝗 *Bryodemella tuberculatum dilutum* (Stoll) 斑翅蝗科 Oedipodidae

形态特征：雄虫体长27.9~40.1 mm，雌虫体长32.9~49.1 mm，体黄褐色或灰褐色，常具粗大刻点、短隆线和颗粒；前胸背板沟前区较狭，沟后区较宽平，具粗大颗粒和短隆线；前、后翅发达，几乎达后足胫节顶端；后翅基部玫瑰色，中部具较狭的暗色横斑纹；后足腿节下膝侧片窄，下缘几乎成直线。

寄主与习性：取食菊科和百合科等幼嫩多汁的植物。

黑翅雏蝗 *Chorthippus aethalinus* (Zubovsky)　斑翅蝗科 Oedipodidae

形态特征：雌虫体长16.9~19.1 mm，雄虫体长21.9~26.1 mm，体暗褐色；前胸背板前缘平直，后缘呈钝角形突出，侧片高略大于长，前下角钝角形，后下角宽圆形；前翅褐色，后翅黑色；后足股节外侧及上侧具2个暗黑色横斑，内侧基部具黑色斜纹，下侧橙黄色，膝部黑色，胫节橙黄色，基部黑褐色。雌虫前翅较狭长，到达或超过后足股节顶端，前胸背板沿侧隆线具宽的黑色纵带。

寄主与习性：取食禾本科等植物。

甘蒙尖翅蝗 *Epacromius tergestinus extimus* Bey-Bienko　斑翅蝗科 Oedipodidae

又名小垫尖翅蝗。

形态特征：成虫体长31.0~55.0 mm，体褐色或黄褐色；头近卵形，头顶较短宽，背面略凹或平坦，向前倾斜或平直；前胸腹板在两前足基部间平坦或略隆起；前、后翅均发达，少数种类较缩短，均具斑纹，网脉比较密，中脉域具中闰脉，少数不明显或消失。

寄主与习性：常活动于林中草地。

云斑车蝗 *Gastrimargus marmoratus* (Thunberg)　　斑翅蝗科 Oedipodidae

形态特征： 雄虫体长25.9~33.1 mm，雌虫体长35.9~51.4 mm，体绿色、枯草色或黄褐色，具黑色或白色大块斑纹；前胸背板中隆线具宽黑纵纹，背板两侧具黑纵纹；前翅前缘绿色，其余部分褐色，密布暗色斑纹；后翅基部鲜黄色，中部具宽的黑褐色轮状纹，其余部分透明；后足胫节上侧绿色，外侧黄褐色，内侧和底侧污黄色。

寄主与习性： 取食苜蓿、禾本科等植物。

东亚飞蝗 *Locusta migratoria manilensis* (Meyen)　　斑翅蝗科 Oedipodidae

又名蚂蚱、蝗虫。

形态特征： 雄虫体长32.9~48.1 mm，雌虫体长38.9~52.1 mm，有群居型、散居型和中间型3种类型；体灰黄褐色；头、胸、后足带绿色，头顶圆；颜面平直；触角丝状；前胸背板中隆线发达，沿中线两侧具黑色带纹，胸部腹面具长而密的细绒毛；前翅淡褐色，具暗色斑点，翅长约为后足股节长的2倍；后足股节内侧基半部在上、下隆线之间呈黑色。

寄主与习性： 取食十字花科、禾本科、莎草科等植物。

亚洲小车蝗 *Oedaleus asiaticus* Bey-Bienko　斑翅蝗科 Oedipodidae

形态特征：雌虫体长33.0~36.0 mm，雄虫体长24.0~27.0 mm，体褐色带绿色，具深褐色斑；头、胸及翅上的黑褐色斑纹鲜艳；前胸背板中部明显缩狭，具明显的"X"形纹，侧片近后部具倾斜的淡色斑；前翅基半部具2~3块大黑斑，端半部具细碎不明显的褐色斑；后翅基部淡黄绿色，中部具车轮形褐色带纹；后足腿节顶端黑色，胫节红色，上侧常混红色。

寄主与习性：取食杂草类等植物。

黄胫小车蝗 *Oedaleus infernalis* Saussure　斑翅蝗科 Oedipodidae

形态特征：雄虫体长22.9~28.1 mm，雌虫体长29.9~39.1 mm，体绿色或黄褐色；头短，颜面垂直或微向后倾斜；复眼卵圆形；触角丝状，到达或超过前胸背板后缘；前胸背板中部略窄，中胸腹板侧叶间的中隔较宽；前、后翅发达，常超过后足股节。

寄主与习性：取食禾本科等植物。

蒙古束颈蝗 *Sphingonotus mongolicus* Saussure

斑翅蝗科 Oedipodidae

形态特征： 雌虫体长16.9~21.0 mm，雄虫体长26.3~27.7 mm；雄虫前胸背板侧片的后下角渐尖或圆形，中胸腹板侧叶间的中隔横宽，中隔的宽度为其长度的2倍；后足股节匀称，股节的长度约为其宽度的4倍，跗节爪间中垫小，不达爪的中部。雌虫近似雄虫，体型较大。

寄主与习性： 取食莎草科、禾本科等植物。

疣蝗 *Trilophidia annulata* (Thunberg)

斑翅蝗科 Oedipodidae

形态特征： 雄虫体长11.6~16.3 mm，雌虫体长14.9~26.1 mm，体黄褐色或暗灰色，具许多颗粒状突起；两复眼间具1个粒状突起；前胸背板具2个较深的横沟，形成2个齿状突；前翅长，超过后足胫节中部；后足股节粗短，具3个暗色横斑。

寄主与习性： 取食禾本科等植物。

疣蝗近似种 *Trilophidia* sp.　　斑翅蝗科 Oedipodidae

形态特征：成虫体长13.0~25.0 mm，体红褐色或暗灰色，具许多颗粒状突起；两复眼间具1个粒状突起；前胸背板具2个较深的横沟，形成2个齿状突；前翅长度超过后足胫节中部；后足股节粗短，具3个暗色横斑。

寄主与习性：取食禾本科等植物。

白纹雏蝗 *Chorthippus albonemus* Cheng et Tu　　网翅蝗科 Arcypteridae

形态特征：雌虫体长17.4~24.1 mm，雄虫体长10.9~13.6 mm，体深褐色或草绿色；前胸背板具明显的黄白色“X”形纹，沿侧隆线具黑色纵带纹。雄虫头大而短，较短于前胸背板，头顶锐角形；前胸背板平坦，中隆线明显，侧隆线亦明显，并在沟前区呈钝角形凹入。雌虫体比雄虫大而粗壮，前翅较短，不达腹部末端。

寄主与习性：取食杂草和小灌木等植物。

小翅雏蝗 *Chorthippus fallax* (Zubovsky)　网翅蝗科 Arcypteridae

形态特征：雄虫体长9.7~15.2 mm，雌虫体长14.6~21.8 mm，体黄褐色或绿褐色；头部较短，短于前胸背板；头侧窝明显呈狭长四方形；前胸背板中隆线较低；前翅短，顶端宽阔；前足跗节第1节短于第3节，后足股节黑色，胫节黄褐色，爪间中垫较长，顶端超过爪的中部。

寄主与习性：取食苜蓿、禾本科、莎草科等植物。

北方雏蝗 *Chorthippus hammarstroemi* (Miram)　网翅蝗科 Arcypteridae

形态特征：雌虫体长14.9~18.1 mm，雄虫体长16.9~21.1 mm，体黄褐色、褐色或黄绿色，有的个体背部绿色；头侧窝四角形；触角细长，超过前胸背板后缘；前胸背板前缘平直，侧隆线处具不明显的暗色纵纹；前翅发达，在背部互相毗连。雄虫前翅达后足股节膝部，前脉域不达翅中部，雌虫前翅达后足股节中部。

寄主与习性：取食禾本科等植物。

宽翅曲背蝗 *Pararcyptera microptera meridionalis* (Ikonnikov) 网翅蝗科 Arcypteridae

形态特征：雄虫体长22.9~28.1 mm，雌虫体长34.9~39.1 mm，体黄褐色、褐色或黑褐色，头部背面具黑色“八”形纹；前胸背板侧隆线呈黄白色“X”形纹，侧片中部具淡色斑。雄虫头部较大，头顶宽短，侧缘和前缘的隆线明显；前胸背板宽平，前缘较平直，后缘圆弧形。雌虫体粗壮，触角较短，刚达前胸背板后缘，中胸腹板侧叶间中隔最狭处较宽于其长度。

寄主与习性：取食禾本科等植物。

中华剑角蝗 *Acrida cinerea* (Thunberg) 蝗科 Acrididae

形态特征：雌虫体长49.9~81.1 mm，雄虫体长30.9~60.1 mm，体绿色或褐色，体形细长；头圆锥状，明显长于前胸背板；触角剑状；颜面强烈向后倾斜；前翅发达，端部尖；后翅淡绿色；后足股节及胫节绿色或褐色。

寄主与习性：取食禾本科杂草等植物。

棉蝗 *Chondracris rosea rosea* (De Geer)　蝗科 Acrididae

形态特征：雄虫体长47.0~57.0 mm，雌虫体长55.0~83.0 mm，体鲜绿色带黄色；触角丝状；前胸背板中隆线凸起，淡黄色；前翅长桨状，背面青绿色；后翅扇状，中部与基部淡紫红色；前足最短，中足略长，基节和腿节绿色，胫节和跗节淡紫色；后足腿节特别发达，青绿色，胫节细长，淡紫红色，其外向具2列刺。

寄主与习性：取食禾本科等植物。

笨蝗 *Haplotropis brunneriana* Saussure　癞蝗科 Pamphagidae

形态特征：雄虫体长27.0~32.0 mm，雌虫体长34.5~40.5 mm，体形粗壮；头较短小，其长明显短于前胸背板；前胸背板中隆线呈片状隆起，全长完整或仅被后横沟微微割断，前、后缘呈锐角或直角状；腹部第2节背板侧面具摩擦板；前翅短小，其顶端最多略超过腹部第1节背板的后缘；后翅甚小。

寄主与习性：取食禾本科杂草等植物。

突眼蚱 *Ergatettix dorsiferus* (Walker)

蚱科 Tetrigidae

形态特征：成虫体长约8.0 mm，体黑褐色；复眼极突出，明显高出前胸背板水平面之上；颜面隆起呈沟状；触角丝状，常位于复眼下缘内侧；前胸背板一般较平坦，侧叶后缘多数具2个凹陷，少数仅具1个凹陷，侧叶后角向下，端圆形；前、后翅发达，少数缺；后足跗节基节明显长于端节。

寄主与习性：取食杂草等植物。

大优角蚱 *Eucriotettix grandis* (Hancock)

蚱科 Tetrigidae

又名粒真角蚱。

形态特征：雌虫体长9.1~11.2 mm，雄虫体长11.5~12.9 mm，雄虫前胸背板前缘近平截，背面较粗糙，具小颗粒，侧叶后角薄片状扩大，末端呈三角形，尖而横向，但不具刺；前翅长卵形，末端圆；后翅伸达前胸背板末端；前、中足股节细长，边缘完整。雌虫前胸背板背面较雄虫粗糙，颗粒较大。

寄主与习性：取食禾本科等植物。

日本蚱 *Tetrix japonica* (Bolívar)

蚱科 Tetrigidae

形态特征： 雌虫体长7.2~9.3 mm，雄虫体长10.1~13.1 mm，体褐色至深褐色；头顶稍突出于复眼前缘；触角丝状，着生于复眼下缘内侧；前胸背板背面中部具1~2对黑斑或1对条状黑斑，前缘近平截，背面在横沟间略呈屋脊形，末端到达或稍超出腹端，侧叶后缘具2个凹陷，侧叶后角向下，末端圆。

寄主与习性： 取食杂草等植物。

西安蚱 *Tetrix xianensis* Zheng

蚱科 Tetrigidae

形态特征： 成虫体长14.0~30.0 mm，体黑褐色；头顶前缘圆弧形，略突出于复眼之前，具中隆线；颜面隆起，侧面观稍倾斜，与头顶形成钝角；触角丝状，15节；前胸背板黑褐色，在肩部之间具1对黄褐色宽横带，横带后具2个三角形黑斑；前翅褐色，具淡色边；后翅黑褐色；后足股节黑褐色，外侧中部具1个黄色斑。

寄主与习性： 取食杂草等植物。

油葫芦 *Cryllus testaceus* Walker　蟋蟀科 Gryllidae

又名结缕黄、油壶鲁。

形态特征：成虫体长19.9~30.1 mm，体色有黑褐色、黄褐色等，浑身油光闪亮；头部黑色，呈圆球形；颜面黄褐色；头部观两条触角呈“八”字形，触角窝四周黑色；前胸背板黑褐色，具左右对称的淡色斑纹，侧板下半部淡色；前翅背面褐色，有光泽，侧面黄色；尾须很长，能超过后足股节。

寄主与习性：取食禾本科等植物的根、茎、叶。

斑腿双针蟋 *Dianemobius fascipes* (Walker)　蟋蟀科 Gryllidae

形态特征：成虫体长4.9~6.1 mm，体黑褐色；头部玉白色，头的后部具5条暗褐色纵纹，其中外侧2条间具较细的褐纹；前胸背板玉白色，具或大或小的黑褐色区域；足玉白色，前足、中足腿节端半部黑色，后足腿节外侧具3条黑褐色横带，各足胫节具暗褐色环纹。

寄主与习性：取食禾本科等植物。

日本纺织娘 *Mecopoda niponensis* (de Haan)　蟋蟀科 Gryllidae

俗称络丝娘，古名络伟、莎鸡。

形态特征：雄虫体长25.9~29.1 mm，雌虫体长28.9~31.1 mm，体绿色或褐色，似侧扁的豆荚；头较小；前胸背侧片基部多为黑色；前翅发达，其宽度超过底部，常有纵列黑色圆斑。雄虫的翅脉近于网状，具2片透明的发声器，触须细长如丝状，黄褐色，可长达80.0 mm；后足长而大，健壮有力，弹力很强。

寄主与习性：取食核桃等植物叶片。

尖头草螽 *Homorocoryphus lineosus* Walker　草螽科 Conocephalidae

形态特征：雄虫体长35.0~40.0 mm，前翅长37.0~39.0 mm，雌虫体长38.0~45.0 mm，前翅长40.0~42.0 mm，体绿色或黄绿色；头顶突出，末端钝圆，膨大呈球形；触角细长；前胸背板平坦；前翅超过足股节末端，后足股节基部明显粗壮，各足股节下侧均有刺；雄虫尾须粗壮，向内弯曲。

寄主与习性：取食栎类、灌木等植物。

秋掩耳螽 *Elimaea fallax* Bey-Bienko

露螽科 Phaneropteridae

又名秋奇掩耳螽。

形态特征：成虫体长20.0~35.0 mm，体绿色，具赤褐色散点；头顶尖角形，端半部侧扁，背面具沟；腹部背面粉红色；触角基部2节淡色，其余各节背侧淡色；前胸背板背面有时具褐色；前翅较狭，具黑点，远超过后足股节端部；后翅长于前翅；前足基节缺刺，胫节背面具纵沟和背距，各足股节腹面通常缺刺。

寄主与习性：取食小灌木类植物。

中华半掩耳螽 *Hemielimaea chinensis* Brunner von Wattenwyl

露螽科 Phaneropteridae

形态特征：雄虫体长19.9~22.1 mm，雌虫体长21.9~27.1 mm，头部暗褐色，头顶尖角形，背面具沟；触角近褐色，具稀疏的黄白色环纹；前胸背板背面暗褐色，圆凸，沟后区较平，缺侧隆线，侧片肩凹不甚明显；前翅稍宽，端缘圆形；后翅长于前翅；足黄绿色，有时具暗黑色，前足基节缺刺，胫节背面具纵沟和背距。

寄主与习性：取食栎、藤本等植物。

中华桑螽 *Kuwayamaea chinensis* (Brunner von Wattenwyl) 露螽科 Phaneropteridae

形态特征：成虫体长19.0~32.0 mm，体绿色；前胸背板纵中线略为黄色；雄虫后翅稍超出前翅，尾须较强内弯，端部具锐齿，背面观具2个相对粗壮的骨质钩；有些个体后翅明显超出前翅，体型大小和翅长也常变化。雌虫后翅常稍短于前翅，少数个体稍超出前翅。

寄主与习性：取食杂草、禾本科等植物。

中华寰螽 *Atlanticus sinensis* Uvarov 螽斯科 Tettigoniidae

形态特征：成虫体长18.5~31.5 mm，体褐色或深褐色；头顶较狭，窄于触角第1节宽的1.5倍；前胸背板侧片上部和胸侧板具黑褐色；雄虫前翅到达第3或第4腹节，雌虫前翅藏于前胸背板下，背面观不可见；前足股节腹面内缘具2个刺，中足股节腹面外缘具2个刺，后足股节外侧具黑褐色纵带，腹面内缘具3~5个刺，外缘缺刺。

寄主与习性：取食马兜铃等藤本植物。

螽螽 *Atlanticus* sp. 螽斯科 Tettigoniidae

形态特征：成虫体长20.0~35.0 mm，体土黄色；头顶较狭；前胸背板土黄色；前足股节腹面内缘具5个刺，中足股节腹面外缘具4个刺，后足股节基部膨大，外侧具黑褐色纵带。

寄主与习性：取食杂草类植物。

黑膝剑螽 *Teratura* (*Megaconema*) *geniculata* (Bey-Bienko) 蛩螽科 Meconematidae

形态特征：雌虫体长10.9~14.1 mm，雄虫体长13.9~17.1 mm，头部背面褐色，具黄色中线；复眼后具黑色和黄色纵条纹；前胸背板背面褐色，两侧具黑色和黄色纵条纹；前翅明显超过后足股节端部；后翅长于前翅。

寄主与习性：取食小灌木。

革翅目

Dermaptera

双刺异球螋 *Allodahlia bispina* Bey-Bienko　　球螋科 Forficulidae

形态特征：雄虫体长17.0~22.0 mm，体黑色；触角黑褐色，端部第4~5节黄色；前胸背板侧片后缘具黄色斑，其下端延伸达中横沟；前翅褐色；后翅淡蓝色，前缘及后缘深烟色。雌虫体较大于雄虫，触角长超过后足股节基部，中段一节的长为宽的4倍；前翅仅达后足股节膝前环处。

寄主与习性：取食蒿类等杂草。

蠼螋 *Labidura riparia* (Pallas)　　蠼螋科 Labiduridae

又称剪刀虫、夹板子、剪指甲虫。

形态特征：成虫体长9.9~16.1 mm，体形狭长而扁平；胸部近于方形，前胸背板后部不狭窄，中胸背板后部截直形；腹部共有9节，黑褐色，具光泽，腹末端具1对不分节的尾须，会特化为钳状或镊状的尾铗；前翅短小，呈截断状，革质无脉纹，缺后翅；臀板较大，尾节较小；足3对相似，跗节为3节。

寄主与习性：取食桔梗等植物，捕食蚜虫、鳞翅目等小型昆虫。

半翅目

Hemiptera

蚱蝉 *Cryptotympana atrata* (Fabricius)　蝉科 Cicadidae

又名知了、鸣鸣蝉、黑蚱蝉。

形态特征： 成虫体长37.0~49.0 mm，翅展115.0~128.0 mm，体黑色，有光泽，密生淡黄色绒毛；中胸背板宽大，中央有“X”形隆起；腹部侧缘及各腹节后缘均为黄褐色。雄虫腹部第1、2节有鸣器，雌虫无鸣器。

寄主与习性： 吸食杨、柳、榆、白蜡等植物的汁液。

蒙古寒蝉 *Meimuna mongolica* (Distant)　蝉科 Cicadidae

又名茅蜩、蛁蟟。

形态特征： 成虫体长20.0~30.0 mm，体灰绿色，背部灰褐色，有斑纹；头部有黑边；腹部有暗赤褐色盘状纹，雌虫具明显突出于腹末的产卵器；翅透明。

寄主与习性： 成虫吸食植物汁液。

草蝉 *Mogannia hebes* (Walker)　　蝉科 Cicadidae

又名绿草蝉。

形态特征：成虫体长18.0~28.0 mm，个体差异较大，体色多变，有绿色、黄褐色、绿褐色、黑色等；翅脉绿色，膜质部透明；头黄绿色，单眼红色，复眼黑褐色；触角黄褐色；前胸背黄色，后缘及侧缘黄绿色，中央具黑色纵带，中胸背黄绿色具2对楔形黑纹；腹部背面黄褐色，基部3节具黑色斑纹；足腿节黄褐色，胫节以下黄绿色，跗节末端及爪暗褐色。

寄主与习性：幼虫取食植物的根，成虫吸食植物汁液。

斑蝉 *Oncotympana maculaticollis* (Motschulsky)　　蝉科 Cicadidae

又名蛁蟟、昼鸣蝉、雷鸣蝉。

形态特征：成虫体长32.0~36.0 mm，体背黑色，较扁平；胸部背面具灰绿色至黄褐色斑纹；腹端部3节稍尖，腹背两侧每节有灰绿色至黄褐色边，愈向腹面愈宽，腹面全为灰绿色至黄褐色；前翅横脉上具4个淡褐色斑，外缘脉端具6个颜色更淡的褐色斑；足内侧的颜色同腹面。

寄主与习性：幼虫取食植物的根，成虫吸食林木汁液。

透翅疏广蜡蝉 *Euricania clara* Kato　广翅蜡蝉科 Ricaniidae

形态特征：成虫体长5.0~6.0 mm，至翅末长10.0~13.0 mm；前翅透明，稍带黄褐色，前缘具宽的褐色带，近中部具1个明显的黄褐色斑，外方1/4处亦具1个不明显的黄褐色斑，翅中部无黑褐色横带。若虫腹末有白色蜡丝，似孔雀开屏；若虫常成列在小枝上栖息，受惊时会跳走；数量较多时，会分泌较多的蜜露。

寄主与习性：取食刺槐、野樱桃、接骨木、桑、蔷薇等植物。

象蜡蝉 *Dictyophara* sp.　象蜡蝉科 Dictyopharidae

形态特征：成虫体长15.0~25.0 mm，体褐色；复眼淡褐色，口吻向前尖突；头至前胸背板具纵纹，脊突状；翅褐色半透明，翅室多长形，不具翅痣或不明显；各足褐色，细长，跗节黄褐色。

寄主与习性：吸食蒿类等植物。

伯瑞象蜡蝉 *Raivuna patruelis* (Stål)　象蜡蝉科 Dictyopharidae

又名中华象蜡蝉。

形态特征：成虫体长7.9~11.1 mm，体绿色；头前伸成头突，长约等于头胸长度之和；头突背面和腹面各有3条绿色纵脊线和4条橙色条纹；翅透明，脉纹淡黄色或浓绿色，端部脉纹和翅痣褐色；胸部腹面黄绿色，侧面有橙色条纹；腹部腹面淡绿色，各节中央黑色；足黄绿色，具暗黄色和黑褐色纵条纹及5个胫节侧刺。

寄主与习性：取食桑树、悬钩子等植物。

彩象蜡蝉 *Raivuna* sp.　象蜡蝉科 Dictyopharidae

形态特征：成虫体长15.0~25.0 mm，体红褐色；头前伸成头突，头突背面和腹面具3条浅色的纵脊线；翅透明，脉纹褐色，端部脉纹和翅痣黑褐色；胸部腹面黄褐色，腹部腹面红褐色，具条纹；足浅褐色，具黑褐色纵条纹。

寄主与习性：取食杂草类植物。

恶性席瓢蜡蝉 *Dentatissus damnosus* (Chou et Lu)　瓢蜡蝉科 Issidae

形态特征：雄虫体长4.3~5.7 mm，雌虫体长5.0~6.0 mm，全体暗褐色；头顶具2块斜长方形黑褐色斑；复眼黑褐色；前胸背板具“八”字形黑褐色条纹，胸部腹面黄白色；腹部各节后缘黄白色；前翅前缘基部基爪片具大小不等的黑色斑点，有的互相愈合，中部斑点愈合成斜带。

寄主与习性：取食刺槐、桑树、杏、李及杂草等植物。

斑衣蜡蝉 *Lycorma delicatula* (White)　蜡蝉科 Fulgoridae

又名椿皮蜡蝉、斑蜡蝉、椿蹦、花蹦蹦、樗鸡、灰花蛾等。

形态特征：成虫体长14.9~25.1 mm，体灰褐色；体翅表面附有白色蜡粉，前翅革质，基部约2/3为淡褐色，翅面具20个左右的黑点，端部约1/3为深褐色；后翅膜质，基部鲜红色，具黑点，端部黑色；头角向上卷起，呈短角突起。翅膀颜色偏蓝色为雄虫，翅膀颜色偏米色为雌虫。

寄主与习性：取食臭椿、香椿、苦楝、刺槐、桃、杏、李、葡萄、山楂等植物。

酱红胫槽叶蝉 *Drabescus fuscorufous* Kuoh　　叶蝉科 Cicadellidae

形态特征： 成虫体长10.0~20.0 mm，体黑褐色，粗壮，楔形；头短而阔，头部前缘具缘脊或侧观阔圆但具细横线；单眼缘生，远离复眼；颜面平整，宽大于长；触角长，位于复眼上方，触角窝深，脊强而倾斜；额唇基区平坦，具纵皱。

寄主与习性： 取食榆树等植物。

白边大叶蝉 *Kolla paulula* (Walker)　　叶蝉科 Cicadellidae

形态特征： 雄虫体长3.9~5.1 mm，雌虫体长4.9~5.8 mm；前胸背板轻度隆起，前半部浅橙黄色，后半部黑色；小盾片浅橙黄色；腹部背面黑色，侧缘淡黄色；体腹面淡黄色至姜黄色；前翅黑褐色至黑色，端部颜色减淡，前缘域淡黄白色；后翅烟黑色；足浅黄白色。

寄主与习性： 取食桑树、禾本科等植物。

叶蝉 *Ledra* sp.

叶蝉科 Cicadellidae

形态特征：成虫体长2.9~12.1 mm；单眼位于头顶边缘或头顶与额之间，或无；触角着生于两单眼之间或单眼之前，粗大的第2节无感觉孔；后足基节伸达腹板侧缘，胫节具棱脊，上生刺毛，下方具2列粗大而明显的刺。雄虫黑褐色，雌虫淡褐色或灰白色。

寄主与习性：取食悬钩子、杂草等植物。

柽柳叶蝉 *Opsius stactogalus* Fieber

叶蝉科 Cicadellidae

形态特征：成虫体长(连翅)4.0~4.5 mm，体豆绿色；小盾片黄绿色；前翅具浅色斑，翅端褐色，具黑褐斑或无，有时翅面散生黑点。

寄主与习性：取食榆、柽柳等植物。

黑点片角叶蝉 *Podulmorinus vitticollis* (Matsumura) 叶蝉科 Cicadellidae

形态特征： 成虫体长(连翅)5.6~6.6 mm，体浅灰褐色；头冠具2对黑斑，接近复眼；颜面橙黄色，无任何斑纹；前胸背板前缘域散生不规则黑斑，中后部暗褐色；小盾片基角处具三角形黑斑，中间具前端分2叉的钉耙形黑线，两侧各具1个黑点。

寄主与习性： 取食杨、柳、槐等植物。

条沙叶蝉 *Psammotettix striatus* (Linnaeus) 叶蝉科 Cicadellidae

又名条斑叶蝉、火燎子、麦吃蚤、麦猴子。

形态特征： 成虫体长3.9~4.4 mm，体灰黄色；头部呈钝角突出，头冠近端处具浅褐色斑纹1对，后与黑褐色中线接连；颜面两侧具黑褐色横纹；复眼黑褐色，1对单眼；胸部、腹部黑色，前胸背板具5条浅黄色至灰白色纵纹，与4条灰黄色至褐色较宽纵带相间排列；足浅黄色。

寄主与习性： 取食禾本科等植物。

花冠纹叶蝉 *Recilia coronifera* (Marshall)　叶蝉科 Cicadellidae

形态特征：成虫体长3.5~4.1 mm，体黄褐色至褐色；头冠前缘具6个黑褐色斑点，斑点常相连成弧形或环形；前胸背板褐色，具5条黄白色纵条；前翅黄褐色，翅室边缘深褐色，端前中室近基部一角有1个深褐色圆斑；腿节具黑褐色环纹，胫刺基部具褐色小点。

寄主与习性：取食刺儿菜等植物。

桃一点叶蝉 *Singapora shinshana* (Matsumura)　叶蝉科 Cicadellidae

又名桃一点斑叶蝉。

形态特征：成虫体长3.0~3.4 mm，体淡黄色、黄绿色或暗绿色；头部向前成钝角突出，端角圆；头冠及颜面均为淡黄色或微绿色；前胸背板前半部黄色，后半部暗黄而带绿色；前翅半透明淡白色，翅脉黄绿色；后翅无色透明，翅脉暗色；足暗绿色，爪黑褐色。雄虫腹部背面具黑色宽带，雌虫仅具1个黑斑。

寄主与习性：取食山杏、桃、海棠、月季、蔷薇等植物。

桑异脉木虱 *Anomoneura mori* Schwarz　　木虱科 Psyllidae

又名桑木虱、白蝘、白丝虫、蜢子。

形态特征：成虫体长2.9~3.6 mm，体形似蝉，淡绿色至黄褐色；头短阔，复眼半球形，红褐色，位于头两侧；胸背隆起，中胸最大，具3对深黄色纹；前翅长圆形，半透明，具黄褐色纹及黑褐色纹；后翅透明；腹部各节背板具黑纹；足黄褐色或黑褐色，跗节2节，末节黄褐色，爪黑色。

寄主与习性：取食桑树或柏树。

黄栌丽木虱 *Calophya rhois* (Löw)　　木虱科 Psyllidae

形态特征：冬型体长1.8~2.1 mm，夏型体长1.7~2.0 mm，体小而短粗。冬型体褐色具黄斑，头顶黑褐色，两侧及前缘稍淡；颊锥褐色；单、复眼橘红色；触角黄褐色，第7~10节黑色，端刚毛褐色；腹部褐色；前翅透明，浅污黄色，翅脉褐色，臀区具黑色斑，缘纹3个。夏型成虫除胸部背面橘黄色，腿节背面具褐斑外，其他均为鲜黄色，色泽美丽。

寄主与习性：取食黄栌。

北京朴盾木虱 *Celtisaspis beijingana* Yang et Li　木虱科 Psyllidae

形态特征：成虫体长3.4~4.6 mm，体黑褐色具黄斑，密被短毛；头部垂直，头顶横宽，黄色至黄绿色，具1对黑色钩纹；前后翅均透明，具褐色横带斑；胸部宽大，前胸与头宽约等长，背板上的1对凹陷及其后方为黑色斑，背板的前缘黑色，两侧绿色；腹部背面黑色，腹面黄色。

寄主与习性：取食小叶朴。

槐豆木虱 *Cyamophila willieti* (Wu)　木虱科 Psyllidae

又名国槐木虱。

形态特征：雄虫体长1.0~5.0 mm，体粗壮；头向下垂伸，头顶宽0.6 mm。冬型成虫体、翅深褐色；头胸部具黄褐色斑。夏型成虫雌雄体绿色至黄绿色；胸背具黄色斑；单眼橘黄色，复眼褐色；触角绿色，第3节褐色，第4~8节端及第9~10节黑色；腹部粉绿色；前翅透明，具4个缘纹，黑色；足黄绿色。

寄主与习性：取食国槐。

落叶松球蚜 *Adelges laricis* Vallot　　球蚜科 Adelgidae

形态特征：有翅瘿蚜腹部背面第5节中侧蜡片愈合，第6节各蜡片均愈合；伪干母体长1.5~2.6 mm，棕黑色，半球形，第1龄腹面中足和后足基节具蜡孔群，每一基节上2群，内外各一，蜡孔圆形，数量不等；触角第3节顶端毛长为该节宽的4.5倍；伪干母成虫腹部第1~6节无缘蜡孔组成的缘蜡片。

寄主与习性：吸食华北落叶松等植物。

萝藦蚜 *Aphis asclepiadis* Fitch　　蚜科 Aphididae

形态特征：成虫体长1.9~2.1 mm，体金黄色；触角黑色，长为体长的一半，第3~5节基部黄色；腹部筒形，腹管和尾片黑色；足黄色，腿节端、胫节端及跗节黑色。

寄主与习性：吸食萝藦、地稍瓜、摆尾、牛皮消等植物。

豆蚜 *Aphis craccivora* Koch　　蚜科 Aphididae

形态特征： 无翅胎生雌蚜体长1.7~2.5 mm，体肥胖，黑色、浓紫色，少数墨绿色，具光泽，体被均匀蜡粉；腹部第1~6节背面具1块大型灰色隆板，腹管黑色，长圆形，具瓦纹；尾片黑色，圆锥形，具微刺组成的瓦纹，两侧各具长毛3根。有翅胎生雌蚜体长1.4~1.9 mm，体黑绿色或黑褐色，具光泽；其他特征与无翅孤雌蚜相似。若蚜分4龄，呈灰紫色至黑褐色。

寄主与习性： 吸食豆科植物。

金雀花蚜 *Aphis cytisorum* Hartig　　蚜科 Aphididae

又名槐蚜。

形态特征： 无翅孤雌蚜体长2.0~2.1 mm，体黑青色，被或厚或薄的白粉，呈灰色；触角中段、足大部黄白色；腹部及尾片黑色，腹部每节被黑斑覆盖，腹管长于尾片，长度有变化，可为后者的1.2~2.2倍；尾片舌形，中部稍收缩。

寄主与习性： 吸食国槐、龙爪槐、菊科等植物。

柳蚜 *Aphis farinosa* Gmelin

蚜科 Aphididae

形态特征：无翅孤雌蚜体长约1.6 mm，宽0.8~1.0 mm，体卵圆形，淡黄色至淡黄绿色；头前部与额瘤有瓦纹，缘片部分有不明显网纹；腹部具节间斑，腹管淡色，顶端黑色，尾片及尾板黑色，长圆筒形，向端部渐细，具瓦纹、缘突和切迹；足灰褐色，胫节端部及跗节黑色。

寄主与习性：吸食旱柳、垂柳、杠柳等多种柳属植物。

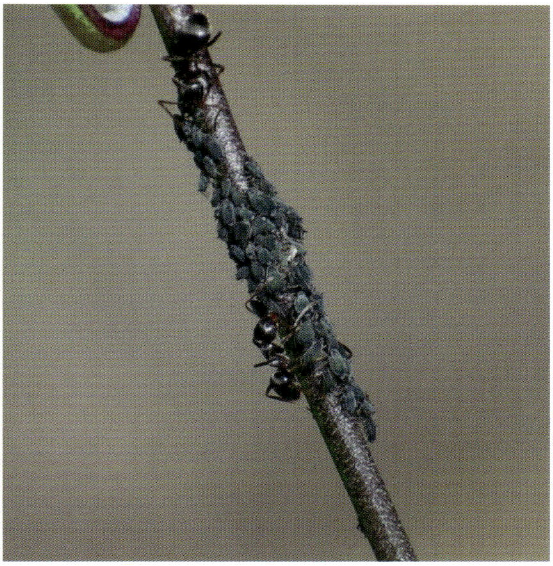

棉蚜 *Aphis gossypii* Glover

蚜科 Aphididae

形态特征：无翅胎生雌蚜体长不足2.0 mm，体黄色、青色、深绿色或暗绿色；触角约为体长的一半；复眼暗红色；腹管黑青色，较短，尾片青色。有翅胎生蚜体长不到2.0 mm，体黄色、浅绿色或深绿色；触角比身体短。无翅若蚜与无翅胎生雌蚜相似，但体较小，腹部较瘦。

寄主与习性：取食石榴、木槿、黄花槐、鼠李等植物。

夹竹桃蚜 *Aphis nerii* Boyer de Fonscolombe

蚜科 Aphididae

又名夹竹桃黄蚜。

形态特征：成虫体长约2.3 mm，宽约1.2 mm，体黄色，呈卵圆形，体表有明显网纹；中额瘤隆起，顶端平；触角具瓦纹，为体长的2/3；第8腹节具明显斑纹，腹管长筒形，尾片呈舌状，中部收缢，上具11~14根长曲毛。

寄主与习性：取食夹竹桃、雀瓢等植物。

马蔺蚜 *Aphis newtoni* Theobald

蚜科 Aphididae

形态特征：无翅孤雌蚜体长1.7~2.4 mm，体色有变化，从暗红褐色至黑褐色，若虫常被白蜡粉；触角第3节(有时第4节基大部)、前足腿节大部、胫节基大部、中后足胫节大部浅色(污黄色)；腹管及尾片黑色；体侧具突起的黑色小瘤突。

寄主与习性：取食鸢尾属等植物。

龙葵蚜 *Aphis solanella* Theobald　蚜科 Aphididae

形态特征：无翅孤雌蚜体长1.2~2.6 mm，体褐绿色至黑色；触角白色，基2节，第5节端部及第6节黑色；腹管及尾片黑色，腹管长于尾片；足跗节黑色，后足腿节基部、胫节基部2/3浅色，前足、中足的腿节和胫节基大部浅色，有时中足腿节端大部色深。

寄主与习性：取食龙葵等植物。

绣线菊蚜 *Aphis spiraecola* Patch　蚜科 Aphididae

又称苹果黄蚜、苹叶蚜虫。

形态特征：无翅孤雌胎生蚜体长1.5~1.8 mm，体近纺锤形，黄色、黄绿色或绿色；复眼暗红色；头、胸、口器、腹管、尾片均为黑色；腹部绿色、浅绿色或黄绿色，腹管圆柱形向末端渐细，尾片圆锥形，生有10根左右弯曲的毛。有翅孤雌胎生蚜体长1.4~1.8 mm。

寄主与习性：取食太平花、绣线菊等植物。

白毛蚜 *Chaitophorus populialbae* (Boyer de Fonscolombe) 蚜科 Aphididae

形态特征：无翅孤雌蚜体长2.7~4.0 mm，体卵圆形，体蜡白色至浅绿色，表面光滑，背部具微网纹；胸、腹部背面具深翠绿色至绿色斑；触角节端部及节黑色；喙顶端黑色；腹管截断状，尾片瘤状，中部收缩，具微刺突横纹及长曲毛，尾板末端圆形，端中向内稍凹，具被毛；足光滑，股节具微曲纹，跗节灰色，其余淡色。

寄主与习性：吸食毛白杨、小叶青杨、小叶杨等林木。

雪松长足大蚜 *Cinara cedri* Mimeur 蚜科 Aphididae

形态特征：无翅孤雌蚜体长2.9~3.7 mm，体暗铜褐色；腹部具漆黑色小斑点；触角第1、5节端半部和第6节黑色；足淡黄褐色，有时腿节和胫节上的黑色区域变化大，后足的黑色区域常比前足和中足的大。

寄主与习性：吸食雪松。

华山松大蚜 *Cinara piniarmandicola* Zhang et Zhang 蚜科 Aphididae

形态特征：成虫体长2.9~3.5 mm，体暗铜褐色，被白粉；体背具大小不等的漆黑色斑，腹部或具大斑，包围2腹管；触角淡黄色，基节、第3~5节端部和第6节黑色，第5节长于第4或第6节；足腿节端半部、胫节端部1/2~2/3黑色，胫节基部漆黑色。

寄主与习性：吸食华山松。

柏长足大蚜 *Cinara tujafilina* (del Guercio) 蚜科 Aphididae

形态特征：成虫体长2.5~3.0 mm，体宽1.5~2.0 mm，体赭褐色，被薄粉；体背多细长尖毛，毛基斑不显，至多比毛瘤稍大；头胸黑褐色；中胸腹岔无柄；腹部赭褐色，偶带绿色，腹管位于有毛的圆锥体上，具缘突，基部的黑色圆锥体约与尾片基宽相等；翅脉正常，中脉淡色，其他脉深色。

寄主与习性：吸食侧柏、扁柏。

松大蚜 *Cinara pinitabulaeformis* Zhang et Zhang　蚜科 Aphididae

形态特征： 无翅孤雌蚜体长2.7~3.5 mm，体黑褐色至黑色；触角6节，第3节最长；腹部膨大，其上散生黑色颗粒状物，并被白蜡质粉，末端钝圆，腹管短截状，黑色。有翅孤雌蚜体长3.0~4.0 mm，黑褐色，有黑色刚毛，足上较多，腹部末端稍尖；翅膜质透明，前缘黑褐色。雄成虫与无翅雌蚜形态相似，体略小，腹部稍尖。

寄主与习性： 吸食油松、马尾松、红松等多种松树。

藜蚜 *Hayhurstia atriplicis* (Linnaeus)　蚜科 Aphididae

形态特征： 成虫体长1.7~1.9 mm，体草绿色，被白色薄粉；触角4~6节；腹管短于尾片；足胫节端部及跗节褐色。

寄主与习性： 在灰藜幼叶正面沿主脉取食。

桃粉大尾蚜 *Hyalopterus amyqdali* (Blanchard)　　蚜科 Aphididae

又名桃粉蚜、桃大尾蚜、桃粉吹蚜、桃粉绿蚜。

形态特征：成虫体长2.0~3.0 mm，宽1.0~1.5 mm，体绿色，长椭圆形，被覆白粉；腹管细圆筒形，尾片长圆锥形，上有长曲毛5~6根。有翅胎生蚜体长约2.0 mm，头胸部暗黄色；触角6节，复眼赤色；腹部黄绿色，腹管暗绿色至黑色，短小，尾片淡黄色，背部具刚毛，两侧各具2根刚毛。无翅胎生蚜体长约2.3 mm，黄绿色，体布满白色蜡粉。

寄主与习性：取食桃、杏、李等果树的新梢和叶。

月季长尾蚜 *Longicaudus trirhodus* (Walker)　　蚜科 Aphididae

形态特征：无翅孤雌蚜体长2.0~3.0 mm，体长卵圆形，黄绿色、灰绿色至黄色；额瘤毛3~4对；头部黑色，背面具8~10根毛；胸部黑色，前胸背板中、侧各具2根缘毛；腹部绿色，具黑色斑纹。

寄主与习性：取食蔷薇属植物。

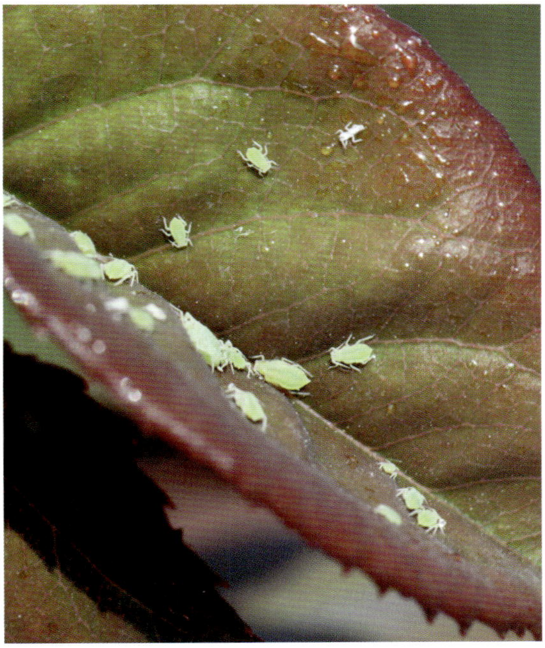

艾小长管蚜 *Macrosiphoniella yomogifolae* (Shinji)　蚜科 Aphididae

形态特征：无翅孤雌蚜体长2.7~4.3 mm，卵形，体背毛粗长，顶尖；喙端部、足、腹管黑褐色；中额不隆，额瘤明显，外倾；触角第3节端部和第6节具瓦纹，第3节基部具小圆形次生感觉圈；中胸腹岔具长柄；腹管长筒状，端部具网纹，尾片长圆锥形，具小刺突横纹，近基部稍缢缩，近端部稍膨大；尾板末端宽圆形，具小刺突横纹；足光滑，跗节微有瓦纹。

寄主与习性：取食蒿类、菊科等植物。

菊小长管蚜 *Macrosiphoniella sanborni* (Gillette)　蚜科 Aphididae

形态特征：无翅孤雌蚜体长2.5~3.2 mm，体纺锤形，赭褐色至黑褐色，具光泽；触角比体长，除第3节色浅外，余黑色；腹管圆筒形，基部宽有瓦状纹，端部渐细具网状纹，腹管、尾片全为黑色。有翅孤雌蚜长1.7 mm，具2对翅；胸、腹部的斑纹比无翅型明显；触角长是体长的1.1倍。

寄主与习性：取食菊科植物。

大戟长管蚜 *Macrosiphum euphorbiae* (Thomas)　蚜科 Aphididae

形态特征：无翅孤雌蚜体长2.6~4.1 mm，椭圆形，体浅绿色，体表光滑；喙淡色，顶端黑色；腹管、尾片、尾板及生殖板淡色；腹管长管状，端部具网纹和微瓦纹，有缘突和切迹，尾片宽锥状，背面具刺突组成的横纹，腹面布满小尖刺突，具长毛；足光滑，淡色，股节端部具微刺突瓦纹，胫节端部及跗节黑色。

寄主与习性：取食藤本、草本植物。

蔷薇长管蚜 *Macrosiphum rosae* (Linnaeus)　蚜科 Aphididae

形态特征：无翅孤雌蚜体长1.7~4.2 mm，体绿色或红色；头部黑色，触角基部2节黑色；腹管黑色，细长，稍向外弯，为尾片长的1.9~2.4倍，尾片浅色；足腿节端及胫节端黑色。若虫颜色浅，腹管仅端部褐色。

寄主与习性：取食太平花、月季、蔷薇等植物。

豌豆修尾蚜 *Megoura crassicauda* Mordvilko

蚜科 Aphididae

形态特征：无翅孤雌蚜体长3.6~4.1 mm，体草绿色，表面具网纹和曲横纹；头黑色；触角总长4.2 mm；前胸黑色，中胸背具不规则横带，各胸节具大缘斑，后胸具断续小斑；腹管长筒状，具2个前大后小的方形斑块，尾片黑色，长锥形。有翅孤雌蚜头、胸均为黑色；腹色浅，第1~6腹节具缘斑。

寄主与习性：取食豆科植物。

三角枫多态毛蚜 *Periphyllus acerihabitans* Zhang

蚜科 Aphididae

形态特征：无翅孤雌蚜体长1.8~3.5 mm，体椭圆形，浅绿色至黄绿色；胸、腹背中带翠绿色；额瘤不显，额平直；腹管截断短筒形，微有褶纹，具缘突和切迹，尾片半月形，微刺组成瓦纹，具被毛，尾板末端宽圆形，有毛；足光滑。

寄主与习性：取食五角枫、禾本科等植物。

莴苣指管蚜 *Uroleucon formosanum* (Takahashi)　　蚜科 Aphididae

形态特征：无翅孤雌蚜体长3.0~3.5 mm，体土黄色或红黄褐色至紫红色，纺锤状，体表光滑，背毛粗短；头顶骨化深色；腹部毛基斑黑色，腹管基部前后斑大型，黑色；触角3.4 mm，细长，第3节具短毛25~32根。无翅胎生雌蚜头、胸黑色；触角第3节具次生感觉圈121~148个；腹部色浅，除腹部各背片具毛基斑外，其余均具大型缘斑。

寄主与习性：取食沙参、泥胡菜、苦荬菜等植物。

红花指管蚜 *Uroleucon gobonis* (Matsumura)　　蚜科 Aphididae

形态特征：无翅孤雌蚜体长3.0~4.0 mm，体黑色；触角6节，黑色，是体长的1.5倍；腹管、尾片、尾板黑色，腹管长圆筒形，端部具网纹；足胫节中部色浅。有翅孤雌蚜体长3~3.5 mm，黑色；触角6节，略长于体长，第3节基部黄色，余黑色，第3节散布70~88个小圆形次生感觉圈；腹管楔形。

寄主与习性：取食沙参、蒿类等植物。

黑腹四脉绵蚜 *Tetraneura nigriabdominalis* (Sasaki)　瘿绵蚜科 Pemphigidae

又名秋四脉绵蚜、高粱根蚜。

形态特征： 无翅孤雌蚜体长2.2~2.5 mm，宽1.7~2.0 mm，体卵圆形；头部淡褐色，胸、腹部淡色。有翅瘿蚜(瘿蚜树上中瘤型)体长2.0~2.2 mm，宽0.9~1.0 mm，体椭圆形；头腹面前部两缘黑色，呈带状；胸部黑色；触角深褐色；腹部淡色，第1、2节各有中侧斑呈带状。

寄主与习性： 取食榆、杂草等植物。

日本纽绵蚧 *Takahashia japonica* (Cockerell)　绵蚧科 Margarodidae

形态特征： 雌虫体长7.0~9.0 mm，宽4.0~5.0 mm，体卵圆形或圆形，黄白色，带有暗褐色斑点，体背具红褐色纵条；背部隆起，呈半个豌豆形，背腹体壁柔软，膜质；老熟产卵时体背分泌蜜露，腹部慢慢产生白色卵囊，向后延伸，随着卵量增加卵囊向上弓起，逐渐形成扭曲的“U”形。

寄主与习性： 取食桑树、合欢、五角枫等植物。

康氏粉蚧 *Pseudococcus comstocki* (Kuwana)

粉蚧科 Pseudococcidae

形态特征：雌虫体长2.9~5.1 mm，体椭圆形，较扁平，粉红色，被白色蜡粉；体缘具17对白色蜡刺，腹部末端1对几乎与体长相等；触角多为8节；腹裂1个，较大，椭圆形；刺孔群17对，体毛数量很多，分布在体背腹两面，沿背中线及其附近的体毛稍长。雄虫体长约1.0 mm，翅展约2.0 mm，体紫褐色；翅1对，透明。

寄主与习性：取食刺槐、桃、山楂、孩儿拳头等植物。

柿树白毡蚧 *Asiacornococcus kaki* (Kuwana)

毡蚧科 Eriococcidae

形态特征：雌虫体长约1.5 mm，体椭圆形，暗紫色或红色；体节较明显，背面分布圆锥形刺，刺短小粗壮，顶端稍钝，侧面观略呈等边三角形；腹面平滑，具长短不等体毛，腹缘具白色细蜡丝。雄虫体长1.0~1.2 mm，紫红色；触角9节，各节具2~3根刺毛；翅暗白色；腹末有与体等长的白色蜡丝1对。

寄主与习性：取食柿、梧桐、桑树、杏、无花果等植物。

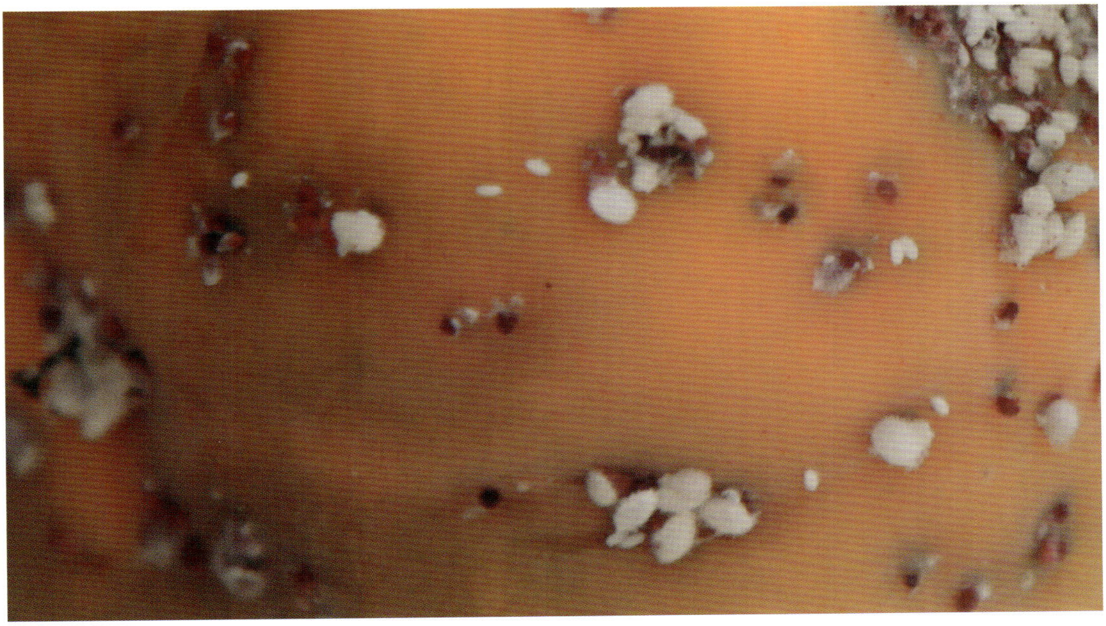

石榴囊毡蚧 *Eriococcus lagerstroemiae* Kuwana　毡蚧科 Eriococcidae

形态特征： 雌虫体长2.0~4.0 mm，体暗紫色或紫红色，被白色蜡粉，体表有少量白蜡丝，外观略呈灰色；体末端比头端稍尖，遍生微细短刚毛。雄虫体长约1.0 mm，紫红色，腹末有长毛1对。若虫椭圆形，紫红色，体缘有刺突。

寄主与习性： 取食女贞、孩儿拳头、紫薇、石榴等植物。

朝鲜毛球蚧 *Didesmococcus koreanus* Borchsenius　蚧科 Coccidae

又名朝鲜球蜡蚧、朝鲜球坚蚧、桃球坚蚧、杏球坚蚧、杏虱子。

形态特征： 雌虫体长约4.5 mm，体近球形；前、侧面下部凹入，后面近垂直；初期介壳软黄褐色，后期硬化变为红褐色至黑褐色，表面具极薄的蜡粉；背中线两侧各具1纵列不甚规则的小凹点，壳边平削，与枝接触处有白蜡粉；前翅发达，白色半透明；后翅特化为平衡棒。

寄主与习性： 取食桃、杏、李等林果。

白蜡蚧 *Ericerus pela* (Chayannes)　　蚧科 Coccidae

又名蜡虫、白蜡虫。

形态特征：雌虫体长约1.5 mm，初成熟时背部隆起，形似半边蚌壳；背面淡红褐色，腹面黄绿色。雄虫体长约2.0 mm，初孵化后与雌虫极相似，但具粗大的足，腹部具硬棘及很多泌蜡孔；触角7节，体色与雌虫相同；翅1对，翅展约5.0 mm，呈薄膜质，前翅近于透明，具虹彩闪光；后翅为平衡棒，梭形；腹部灰褐色。

寄主与习性：取食大叶白蜡、小叶白蜡、女贞等林木。

瘤大球坚蚧 *Eulecanium gigantea* (Shinji)　　蚧科 Coccidae

又称瘤坚大球蚧、枣大球蚧、梨大球蚧。

形态特征：雌虫体长7.9~18.1 mm，体半球形，状似钢盔；成熟时体背红褐色，具整齐的黑灰色斑纹。雄虫体长1.9~2.6 mm，体橙黄褐色；前翅发达，白色透明，后翅退化为平衡棒，交尾器针状较长。

寄主与习性：取食栎、核桃等林木。

尖盾蚧 *Unaspis* sp. 盾蚧科 Diaspididae

形态特征：雌雄异形。雌虫具发达的口器，无翅，体壁坚韧或柔软，体外被蜡粉或坚硬的蜡质介壳。雌成虫介壳长形，稍弯曲，长约3.5 mm，呈褐色或棕色，边缘具灰白色膜，中央具1条明显的纵纹，前端具2个黄褐色斑点。

寄主与习性：取食蒙古栎等林木。

褐菱猎蝽 *Isyndus obscurus* (Dallas) 猎蝽科 Reduviidae

形态特征：成虫体长22.0~26.0 mm；全体茶褐色，除触角和膜片外，全体密被1层黄白色绒毛，腹面更浓；头顶触角基后面具2个刺状突起；触角4节，第2节前端黑色，第3~4节红褐色；眼的前后区几乎等长；前胸背板后叶长于前叶，前叶侧角显著，中央具纵沟，后缘两侧有刺状突起，后叶较平；前翅达腹端，膜片较大。

寄主与习性：取食舞毒蛾、杨扇舟蛾、黄刺蛾等多种林木食叶害虫。

污黑盗猎蝽 *Pirates turpis* Walker

猎蝽科 Reduviidae

形态特征：雌虫体长12.9~15.1 mm，体黑色，具光泽及稀疏细毛；前胸背板长3.0 mm，前叶长于后叶，前叶具纵斜暗条纹，后叶无条纹；前翅达第6背板中部或端部，暗黑褐色，爪片中部、革片内域及膜片端部色浅，内、外翅室深黑色。雄虫前翅超过腹部末端1.0 mm左右。

寄主与习性：取食蚜虫、蟠象等小型昆虫。

钝肩普缘蝽 *Plinachtus bicoloripes* Scott

猎蝽科 Reduviidae

又名二色普缘蝽。

形态特征：成虫体长13.4~16.6 mm，体黑褐色，被浓密细小深色刻点，腹面黄色；触角红褐色，第2节最长，第3节最短，端部稍侧扁；前胸背板侧缘、小盾片顶端、喙的顶端、各腹板两侧的斑点、侧接缘端部均为黑色；足腿节端部、胫节及跗节红褐色，有时足的基节、转节及腿节基部亦为红褐色。

寄主与习性：取食小型昆虫。

猎蝽 *Reduvius* sp. 猎蝽科 Reduviidae

形态特征：成虫体长35.0~41.0 mm，多椭圆形，头部尖、长，在眼后细缩如颈状；前翅仅分为革片、爪片与膜片，无缘片和楔片，革片脉纹发达；膜片常有2个大翅室，翅室端部伸出一长脉；腹部中段常膨大。

寄主与习性：捕食小型昆虫。

三点苜蓿盲蝽 *Adelphocoris fasciaticollis* Reuter 盲蝽科 Miridae

形态特征：成虫体长6.4~7.6 mm，体长卵形，暗黄色，具黑褐色斑纹；触角红褐色，前4节基部黄褐色；头顶黄褐色，脈黑色；前胸背板后部具1条黑色横带，通常在中央断开；小盾片两基角、爪片、革片端半部及其顶角暗褐色；足黄褐色，腿节具黑褐色斑点，胫节端部黑褐色。

寄主与习性：取食蒿类、葎草、地肤、苜蓿等植物。

褐苜蓿盲蝽 *Adelphocoris ferrugineus* Hsiao 盲蝽科 Miridae

形态特征： 成虫体长7.7~8.4 mm，体相对较宽大，椭圆形，向后渐宽，最宽处约在楔片缝处，体色较深，深锈褐色；头黑色，具光泽；前胸背板光泽较强，底色淡褐色、棕褐色或淡锈褐色，胝区色加深，呈锈褐色至黑褐色，盘域中央具很宽的黑褐色横带，直至盘域大部为黑褐色或黑色，只余盘域的前、后缘区域色较淡。

寄主与习性： 取食榆树、苜蓿等植物。

绿盲蝽 *Apolygus lucorum* (Meyer-Dür) 盲蝽科 Miridae

又名花叶虫、小臭虫。

形态特征： 成虫体长约5.0 mm，体绿色，密被短毛；头部三角形，黄绿色；复眼黑色突出，无单眼；前胸背板深绿色，具许多小黑点，前缘宽；前翅膜片半透明暗灰色，余绿色；足黄绿色，胫节末端色较深，后足腿节末端具褐色环斑。雌虫后足腿节较雄虫短，不超过腹部末端，跗节3节，末端黑色；触角淡黄色，端部色渐深。

寄主与习性： 取食杂草等植物。

斯氏后丽盲蝽 *Apolygus spinolae* (Meyer-Dür)　盲蝽科 Miridae

形态特征：成虫体长4.1~6.1 mm，体椭圆形，绿色，具光泽；头垂直，同体色；唇基端部1/6~1/5黑色，上唇淡色；额区隐约可见若干成对的平行淡色横纹；前胸背板拱隆与前倾程度中等；侧缘(前端除外)直，后缘中段直；盘域刻点清楚，密度中等，毛短，半平伏。

寄主与习性：取食被子植物、针叶树和蕨类。

榆毛翅盲蝽 *Blepharidoptera ulmicola* Kerzhner　盲蝽科 Miridae

形态特征：体长3.6~4.6 mm，体淡绿色，被淡褐色或褐色半倒伏毛；触角淡褐色，第1节短，明显短于头宽，第3节短于第2节；足胫节淡褐色，跗节或跗节端褐色。

寄主与习性：取食榆树等植物。

眼斑厚盲蝽 *Eurystylus coelestialium* (Kirkaldy)　盲蝽科 Miridae

形态特征：成虫体长约6.0 mm，体灰黑色、黑褐色或黑色，光泽弱，被黑色短刚毛状毛及白色平伏毛，具黄色、褐色斑；头背面观三角形，头顶中央无纵沟，后缘无隆脊；前胸背板下倾，领很粗，后叶具1对眼状斑，中线处常有1条淡色纵带，表面具浅密横皱；小盾片大，爪片端角淡色，楔片中段淡色，膜片淡色透明，端缘处黑褐色，脉黑。

寄主与习性：吸食桑、女贞、胡枝子等植物。

淡缘厚盲蝽 *Eurystylus costalis* Stål　盲蝽科 Miridae

又名枣厚盲蝽、枣花厚盲蝽。

形态特征：成虫体长4.9~7.1 mm，头黑褐色；眼内侧有1个黄褐色大斑，其前方触角基后有1个深黑色斑，因位于深色背景中而不显；前胸背板紫黑褐色或褐色，强烈下倾，背面圆隆，后缘在小盾片侧角前呈一定角度前折，中部微前凹，呈浅波曲状；小盾片黑褐色或污黄褐色，中线处有时加深成一深色纹或在两侧处向外色加深，末端有1个黄白色或青白色大斑。

寄主与习性：成虫、若虫吸食酸枣等植物。

乌毛盲蝽 *Parapantilius thibetanus* Reuter

盲蝽科 Miridae

形态特征：成虫体长约9.0 mm，体狭长较厚实，深褐色或暗黄绿色，下方黄褐色；头部背面观近三角形，头顶后缘无隆脊；触角密被半平伏深色毛；前胸背板梯形，下倾，具明显密横皱，并被黑色短刚毛状毛，侧缘黑色，侧角尖，黑色，中胸侧板具1个小黑斑；前翅革质部具黑色刚毛状毛及有光泽的黄褐色平伏毛，膜片烟褐色。

寄主与习性：取食被子植物、针叶树和蕨类。

诺植盲蝽 *Phytocoris nowickyi* Fieber

盲蝽科 Miridae

形态特征：雄虫体长5.7~6.8 mm，椭圆形，雌虫长翅型体长5.2~6.5 mm，椭圆形，短翅型个体长卵形；大多数个体具鲜红色或深红色，极少数个体无鲜红色或深红色斑；头底色淡黄，常密布鲜红色或深红色斑，有时具黑褐色斑，极少数个体无红色斑，仅具褐色或更浅的斑纹；额具放射状斜纹；领具直立浅色长毛；前胸背板被银白色丝状毛与半直立黑毛，雄虫色常较深，雌虫较浅。

寄主与习性：取食蒿类、蓝萼香茶菜等植物。

蒙古条斑翅盲蝽 *Tuponia mongolica* Drapolyuk　盲蝽科 Miridae

形态特征：成虫体长3.0~3.5 mm，体黄绿色，被毛；前胸背板基部及中胸外露部分带橙色；前翅浅污黄色，楔片玉色，无色斑，翅中部具浅倒“V”形的灰褐色（实为着生毛的颜色），膜片烟色，翅脉浅色；足及腹面绿色，胫节刺黑色，刺着生浅色点斑。

寄主与习性：取食蒿类等植物。

锤胁跷蝽 *Yemma exilis* Horváth　跷蝽科 Berytidae

形态特征：成虫体长14.9~16.1 mm，体背扁平，赭色略带红色；头胸部及身体腹面土黄色或浅赭色，头及触角基后方的中央具横皱纹；前胸背板胝部具2个黑色斜行线斑，中胸及后胸腹板黑褐色；腹部赭色；翅革质部很发达，具2个黑色斑，膜质部淡褐色，半透明；足暗红褐色，基节黄色。

寄主与习性：成虫、若虫主要取食构树等林木。

长足长蝽 *Dieuches femoralis* Dohrn　　长蝽科 Lygaeidae

形态特征：成虫体长9.0~11.0 mm，头黑色，微具光泽；复眼远离前胸；触角黑褐色，向端部渐深；前胸背板黑色，微具光泽，前缘处具1对褐色小斑，斑内均有黑色刻点，顶角前白斑约呈三角形，膜片黑褐色，有时端部有隐约可见的淡色小斑。

寄主与习性：吸食杂草、豆科等植物。

角红长蝽 *Lygaeus hanseni* Jakovlev　　长蝽科 Lygaeidae

又名红跑蜜。

形态特征：成虫体长7.9~9.1 mm，头、触角、喙和胸部腹面、足黑色；头顶基部至中叶中部具红色纵纹，眼与前胸背板相接；前胸背板黑色，胸部侧板每节后缘、背侧角和基节臼各具1个较底色更黑的圆斑；前翅暗红色或红色，爪片除外缘外余皆红色。

寄主与习性：吸食果树、枸杞、杂草等植物的嫩茎和嫩叶。

小长蝽 *Nysius ericae* (Schilling)　　长蝽科 Lygaeidae

形态特征：成虫体长3.5~4.4 mm，宽约1.5 mm；头淡褐色或棕褐色，头顶基部有时较淡，各侧在单眼处具1条黑色宽纵带；胸背板污黄褐色，刻点均匀，较大，较密，同色或黑褐色；前胸背板较短宽，侧缘微内凹，后缘两侧微成叶状后伸，微成波状弯曲，前胸侧面中段黑色，后角处褐色，中胸其余部分几乎全黑，后胸侧板内半多黄褐色纵带与黑色纵带相间。

寄主与习性：取食葡萄、桃、蒿类、杂草等植物。

白斑地长蝽 *Panaorus albomaculatus* (Scott)　　地长蝽科 Rhyparochromidae

形态特征：成虫体长7.0~7.5 mm，头黑色，无光泽，被金黄色平伏短毛；前胸背板前叶黑色，后叶具黑色刻点，两侧淡黄色，其上无刻点；小盾片黑色，后端具"V"形淡黄色纹；前翅革片后端具1个近三角形白斑。

寄主与习性：吸食杨、榆、栗等植物。

地红蝽 *Pyrrhocoris sibiricus* Kuschakewitsch　红蝽科 Pyrrhocoridae

形态特征： 成虫体长6.9~13.1 mm，前胸背板近方形，刻点较密；小盾片顶端具刻点；中胸侧板后缘棕黑色；前翅有亮红色和黑色的花纹。

寄主与习性： 取食木槿等植物。

点蜂缘蝽 *Riptortus pedestris* (Fabricius)　蛛缘蝽科 Alydidae

形态特征： 成虫体长14.9~17.1 mm，体狭长，黄褐色至黑褐色，被白色细绒毛；头在复眼前部，呈三角形，后部细缩如颈；前胸背板及胸侧板具许多不规则的黑色颗粒，前胸背板前叶向前倾斜，前缘具领片，后缘有2个弯曲的侧角呈刺状；前翅膜片淡棕褐色，稍长于腹末；腹部侧接缘稍外露，黄黑相间；足与体同色，胫节中段色淡，后足腿节粗大，具黄色斑。

寄主与习性： 取食豆科、禾本科等植物。

瘤缘蝽 *Acanthocoris scaber* (Linnaeus)　　缘蝽科 Coreidae

形态特征：成虫体长10.0~18.0 mm，体褐色；触角具粗硬毛；前胸背板具显著的瘤突，侧缘稍向内曲，侧角突出，侧接缘各节的基部棕黄色；前翅爪片缝长于革片，顶缘膜片基部黑色；后足胫节膨大，较粗，内缘具小齿或短刺，胫节近基端具1个浅色环斑。

寄主与习性：吸食杂草等植物。

稻棘缘蝽 *Cletus punctiger* (Dallas)　　缘蝽科 Coreidae

形态特征：成虫体长9.5~11.0 mm，宽2.8~3.5 mm，体黄褐色，狭长，密布刻点；头顶中央具短纵沟，头顶及前胸背板前缘具黑色小粒点；触角第1节较粗，长于第3节，第4节纺锤形；复眼褐红色，单眼红色；前胸背板多为一色，侧角细长，稍向上翘，末端黑。

寄主与习性：吸食小叶女贞、蒿类、禾本科等植物。

拟宽棘缘蝽 *Cletus rusticus* Stål

缘蝽科 Coreidae

形态特征：成虫体长7.5~13.0 mm，体棕黄色，被黑褐色刻点；头部及前胸背板前部的细小颗粒浅色，头顶纵沟两侧由黑色刻点形成不规则的斑纹；触角第1节外侧的纵纹及第2节暗棕色，第3、4节棕红色或棕黄色；前胸背板后部刻点粗密，侧角后缘齿状突显著；前翅前缘基半浅色，顶角、端缘及内角常呈紫褐色，顶角处白斑小，但较明显。

寄主与习性：吸食豆科等植物。

平肩棘缘蝽 *Cletus tenuis* Kiritshenko

缘蝽科 Coreidae

形态特征：成虫体长9.9~11.7 mm，体棕色；触角第1节与第3节约等长；前胸背板前后通常截然两色，背板后部平坦，侧叶不向上翘，侧角粗短，向两侧平伸；喙较长，常伸达后足基节中央；足黄褐色。

寄主与习性：吸食禾本科、豆科等植物。

波原缘蝽 *Coreus potanini* (Jakovlev)　缘蝽科 Coreidae

形态特征：成虫体长12.0~14.0 mm，体黄褐色，背面均密布细密刻点；触角基内侧各具1棘，两者相对向前伸；触角基部第3节三棱形，第4节长纺锤形，第2节最长，第4节最短；前胸背板侧角约140°；前翅达腹部末端，膜质部淡褐色透明。

寄主与习性：吸食香薷、小灌木等植物。

广腹同缘蝽 *Homoeocerus dilatatus* Horváth　缘蝽科 Coreidae

形态特征：成虫体长13.4~14.6 mm，褐色至黄褐色，密布黑色小刻点；触角4节，前3节与体同色；前胸背板前角向前突出，侧角稍大于90°；前翅不达腹部末端，革质部中有1个小黑点；腹部两侧较扩展，露出翅外。

寄主与习性：吸食豆科等植物。

栗缘蝽 *Liorhyssus hyalinus* (Fabricius)　缘蝽科 Coreidae

形态特征：成虫体长5.9~7.1 mm，体草黄色，具浅色细毛；头略呈三角形，头顶、前胸背板前部横沟及后部两侧、小盾片基部均有黑色斑纹；触角、足有黑色小点；腹部背面黑色，第5背板中央生1个卵形黄斑，两侧各具1块较小黄斑，第6背板中央具1条黄色带纹，后缘两侧黄色。

寄主与习性：吸食杂草、禾本科等植物。

波赭缘蝽 *Ochrochira potanini* Kiritshenko　缘蝽科 Coreidae

形态特征：成虫体长19.9~23.1 mm，体棕褐色，被白色短毛；触角第4节棕黄色；前胸背板侧缘略向内呈弧形弯曲，锯齿甚小，呈小瘤状，侧角圆形，向上翘折；腹部背面棕褐色；后足胫节背面向端部逐渐扩展。雄虫后足腿节无巨刺。

寄主与习性：吸食油松、榆树、核桃楸等林木。

刺肩普缘蝽 *Plinachtus dissimilis* Hsiao　缘蝽科 Coreidae

形态特征：成虫体长13.9~15.6 mm，背面黑褐色，被浓密细小深色刻点；喙达于中足基节顶端；触角4节，第1、2、3节紫红色，第4节污黄色；前胸背板侧角突出呈刺状，侧接缘各节黑黄相间；腹面黄色；足紫红色，各足腿节基半部黄色，基节、转节及腿节端部橘红色。

寄主与习性：吸食卫矛、绣线菊等植物。

开环缘蝽 *Stictopleurus minutus* Blöte　缘蝽科 Coreidae

形态特征：成虫体长6.0~9.0 mm，体毛短而疏；前胸背板前缘沟的两侧通常弯曲呈环形，但前端不封闭，故名"开环"，沟的前缘无光滑的横脊；前胸背板和小盾片上的直立毛不长于触角第2节直径的2倍。

寄主与习性：吸食旋覆花、菊科等植物。

点伊缘蝽 *Rhopalus latus* (Jakovlev)　姬缘蝽科 Rhopalidae

形态特征：成虫体长6.9~10.8 mm，体棕褐色，具光泽，密被黄褐色直立长毛及细密刻点；头顶3条清晰的细纵沟，中纵沟向前延伸达中叶后方，两侧沟弯曲；前胸背板中纵脊明显，侧角伸出且上翘。

寄主与习性：吸食菊科、禾本科等植物。

高山圆龟蝽 *Coptosoma montanum* Hsiao et Jen　龟蝽科 Plataspidae

形态特征：成虫体长2.8~4.1 mm，体黑色，光亮，刻点稀小；触角深褐色，端节浅褐色；前胸背板扩展部分有1条纹；小盾片基胝分界明显，两端具2个白色至黄色斑点，侧胝黑，两侧缘后大半及端缘具狭黄边；腹部腹面黑色；前翅前缘基部黄色；足黄色，腿节基部黄褐色。

寄主与习性：吸食豆科植物。

扁盾蝽 *Eurygaster testudinarius* (Geoffroy)　　盾蝽科 Scutelleridae

形态特征：成虫体长8.0~11.0 mm，体色及斑纹有变化，从灰黄褐色至暗棕色；头宽大于长，中叶与侧叶约等于长，侧叶在中叶前方不接触；前胸背板侧缘直，不弧形外突；小盾片发达，体一侧的露出部分最宽处约为小盾片宽的1/4。

寄主与习性：吸食刺儿菜、蒿类、禾本科等植物。

金绿宽盾蝽 *Poecilocoris lewisi* (Distant)　　盾蝽科 Scutelleridae

又名异色花龟蝽、红条绿盾背蝽、松蝽、金缘宽盾蝽。

形态特征：成虫体长13.4~15.6 mm，体背有金属光泽的金绿色，宽椭圆形；头部金绿色；复眼黑色，单眼红色；触角蓝黑色；前胸背板有1个横置的“日”字形纹；小盾片有许多花纹；前翅基角金绿色，其余革质黄褐色，翅脉棕褐色；足及身体下方黄褐色，具金属光泽。

寄主与习性：吸食松、臭椿、侧柏、葡萄等植物。

圆阿土蝽 *Adomerus rotundus* (Hsiao)

土蝽科 Cydnidae

形态特征：成虫体长3.5~4.5 mm；头突出，侧叶与中叶等长；前胸背板侧缘、腹部侧缘和各足胫节背面具白色条纹；前翅具条形白斑，长约为宽的2倍。

寄主与习性：吸食苜蓿、禾本科等植物。

大鳖土蝽 *Adrisa magna* Uhler

土蝽科 Cydnidae

形态特征：成虫体长4.0~6.0 mm，体椭圆形，深褐色或黑色，略具光泽；头侧缘完整无锯齿，前端宽圆形，上面具皱纹及刻点；触角4节，褐色，第2节特长；前胸背板具大而稀疏的刻点，侧缘近于平直；小盾片长；前翅达于腹部末端，膜片色较浅。

寄主与习性：取食腐殖质、小型昆虫等。

青革土蝽 *Macroscytus subaeneus* (Dallas)

土蝽科 Cydnidae

形态特征：成虫体长7.4~10.1 mm，体褐色至黑褐色，具金属光泽；头背面无刻点，具4根长刚毛；触角各节均长于其前1节；前胸背板宽是长的2倍，中央前方及后缘光平，其余部分刻点稀疏，每侧缘具4根刚毛；前翅刻点细小浓密，前缘基部具3根刚毛；膜片烟色，端部及翅脉具深色斑点。

寄主与习性：取食禾本科、豆科植物的根系汁液。

白边光土蝽 *Sehirus niviemarginatus* Scott

土蝽科 Cydnidae

形态特征：成虫体长5.9~8.1 mm，体长圆形，蓝黑色，全身具浓密刻点；头部前端窄，侧叶包围中叶；前胸背板侧缘、前翅(除端部)前缘、腹部侧接缘(除基部)具狭窄的白色边缘，侧缘向外圆凸，两胝光滑；触角第1节最短，第5节最长；喙达于中足基节；小盾片顶角圆形；前翅膜片烟黑色。

寄主与习性：吸食禾本科等植物。

中国螳瘤蝽 *Cnizocoris sinensis* Kormilev　　瘤蝽科 Phymatidae

又名华螳瘤春、华螳瘤猎春。

形态特征：成虫体长9.0~10.0 mm，体窄椭圆形；头及触角第1节背面、第4节端半部、前胸背板侧角、小盾片基部中央斑、侧接缘各节后角、第4节全部及腹部末端背面黑色；复眼及单眼红色；前胸背板长2.0 mm，棕黑色；腹部末端中央稍凹入，棕褐色；前足为捕捉足。

寄主与习性：捕食蚂蚁、蜂等小型昆虫。

红足壮异蝽 *Urochela quadrinotata* (Reuter)　　异蝽科 Urostylidae

又名四点尾蝽。

形态特征：成虫体长14.9~16.1 mm，体背扁平，赭色略带红色；头、胸及腹面土黄色或浅赭色，头及触角基后方的中央有横皱纹；前胸背板胝部具2个黑色斜行线斑，中胸及后胸腹板黑褐色，侧板后缘有细而稀疏的黑色刻点；翅革质部很发达，具2个黑色斑，膜质部为淡褐色，半透明；足暗红褐色，基节黄色。

寄主与习性：吸食榆、梨等植物。

蠋蝽 *Arma chinensis* (Fallou)　　蝽科 Pentatomidae

又名蠋敌。

形态特征：雌虫体长11.5~14.5 mm，雄虫体长10.0~13.0 mm，体椭圆形，黄褐色或黑褐色，腹面淡黄褐色，密布深色细刻点；触角5节，第3、4节为黑色或部分黑色；前胸背板侧缘常具很狭的白边；腹部腹面淡黄色或黄褐色；足淡褐色，胫节、跗节略现浅红色，腿节具细小黑点。

寄主与习性：捕食鳞翅目、鞘翅目等昆虫。

北方辉蝽 *Carbula putoni* (Jakovlev)　　蝽科 Pentatomidae

形态特征：成虫体长10.0~11.3 mm，体近卵圆形，深紫黑褐色，具铜色或紫铜色光泽，密布黑色刻点；头长形，色深暗，侧叶稍长于中叶；触角第4、5节除基部外黑色，其余各节颜色较淡；前胸背板前缘内凹，侧角末端相对较尖；小盾片末端钝圆；前翅革质部基侧缘淡黄色。

寄主与习性：取食蒿类、禾本科等植物，捕食其他小型昆虫。

斑须蝽 *Dolycoris baccarum* (Linnaeus)　蝽科 Pentatomidae

又名细毛蝽、斑角蝽。

形态特征：成虫体长7.9~13.6 mm，体椭圆形，黄褐色或紫色，密被白绒毛和黑色小刻点；触角黑白相间；小盾片黄白色，近三角形，末端钝而光滑；胸部腹面淡褐色，散布零星小黑点；前翅革片红褐色，膜片黄褐色，透明；足黄褐色，腿节和胫节密布黑色刻点。

寄主与习性：取食山楂、桃、梨、苹果、禾本科等植物。

广二星蝽 *Eysarcoris ventralis* (Westwood)　蝽科 Pentatomidae

又名黑腹蝽、小二星蝽。

形态特征：成虫体长4.7~6.4 mm，宽3.1~3.9 mm，头部黑色或黑褐色；前胸背板侧角不突出，胝黑色，背板前部刻点稍稀，侧缘有略卷起的黄白色狭边；小盾片舌状，基角处有黄白色小点，端缘常有3个小黑点斑；腹部背面乌黑，侧接缘内、外侧黄白色，中间黑色，节间后角上具黑点；翅长于腹末；足黄褐色，具黑点。

寄主与习性：吸食杂草、豆科、禾本科等植物。

茶翅蝽 *Halyomorpha picus* (Fabricius)　　蝽科 Pentatomidae

又名臭大姐。

形态特征：成虫体长10.0~17.0 mm，体扁平，茶褐色、淡黄色或黄褐色，具黑色刻点；触角褐色；前胸背板前缘横列4个黄褐色小点；小盾片基部具5个黄色小斑点；腹部腹面淡黄白色；翅褐色，基部颜色较深，端部翅脉颜色较深。

寄主与习性：吸食桃、杏、梨、苹果、李等林木果树。

全蝽 *Homalogonia obtusa* (Walker)　　蝽科 Pentatomidae

又名四横点蝽。

形态特征：成虫体长11.9~15.1 mm，体宽椭圆形，灰褐色、黄褐色至黑褐色，腹面及足颜色较淡，有时黄绿色，背面密布黑色点刻；腹部背面黑色，侧接缘棕褐色，各节缝间有时微显黄色；前翅革质部色泽一致，膜片色淡，透明；足具黑色小刻点，前、中足的基节外侧各具1个小黑点。

寄主与习性：吸食油松、刺槐、苦楝、胡枝子、栎、禾本科、蔷薇科等植物。

弯角蝽 *Lelia decempunctata* (Motschulsky)　蝽科 Pentatomidae

形态特征：成虫体长15.9~22.1 mm，体椭圆形，黄褐色，密布小黑刻点；前胸背板侧角大而尖，外突稍向上，侧角后缘有1个小突起，中区有等距排成一横列的4个黑点，前侧缘稍内凹，具小锯齿；小盾片基中部及中区各具2个黑点，基角上各具1个下陷黑点。

寄主与习性：吸食核桃楸、刺槐、榆、杨、葡萄等植物。

紫蓝曼蝽 *Menida violacea* Motschulsky　蝽科 Pentatomidae

又名紫蓝蝽。

形态特征：成虫体长7.9~10.1 mm，体椭圆形，紫蓝色，具金绿闪光，密布黑色刻点；前胸背板前缘及前侧缘黄白色，后区具黄白色宽带；小盾片末端黄白色，散生黑色小点；腹部背面黑色，侧接缘有半圆形黄白色斑，节缝两侧金绿紫蓝色，腹部腹面基部中央具1个黄色锐刺，伸至中足基节前。

寄主与习性：吸食榆、梨、禾本科等植物。

柳碧蝽 *Palomena amplifioata* Distant　　蝽科 Pentatomidae

形态特征：成虫体长11.0~15.0 mm，体阔圆形，淡青色至深绿色或棕绿色；头部近三角形，前端圆，侧缘平正，稍向上翘；复眼和单眼均为棕黑色；触角青绿色，末2节紫黑色；前胸背板前角具微小的刺状突起，边缘近圆弧形，稍向上翘；小盾片末端狭圆，偶尔稍现淡白色；翅的革质部为青绿色或黑色带紫色，膜片透明，稍现灰色；足青褐色或淡绿色。

寄主与习性：吸食杨、柳、臭椿、落叶松等林木。

红足真蝽 *Pentatoma rufipes* (Linnaeus)　　蝽科 Pentatomidae

又名森林红足蝽、栗蝽、赤腿蝽象。

形态特征：成虫体长18.9~22.1 mm，体淡绿色至黄褐色，刻点暗褐色；头侧叶略长于中叶，侧缘黑色；触角黑褐色；前胸背板前侧缘内凹，具黑色细锯齿及金绿色光泽，边缘内侧及侧角红色；腹部腹面淡黄褐色，光滑；前翅革质部刻点，带金属光泽，膜片烟褐色，长过腹末；足淡黄褐色，跗节色较深。

寄主与习性：吸食杨、柳、榆、山楂、杏、梨、海棠等林木。

珀蝽 *Plautia fimbriata* (Fabricius)　　蝽科 Pentatomidae

又名朱绿蝽、克罗蝽。

形态特征：成虫体长7.9~11.6 mm，体长卵圆形，具光泽，密被黑色或同体色的细刻点；头鲜绿色；触角绿色至黄绿色，末端黑色；复眼棕黑色，单眼棕红色；前胸背板鲜绿色，胸部及腹部腹面中央淡黄色；小盾片鲜绿色，末端色淡；腹部侧缘后角黑色，腹面淡绿色；前翅革片暗红色，刻点粗黑，组成不规则的斑；足鲜绿色。

寄主与习性：吸食油松、榆、桃、柿、李、泡桐、豆科、禾本科等植物。

铗同蝽 *Acanthosoma forcipatum* Reuter　　同蝽科 Acanthosomatidae

形态特征：雄虫体长约14.3 mm，体红褐色，密被黑色刻点；前胸背板前部褐黄绿色，后部暗黄绿色，具分散粗刻点，侧角突出、光滑；腹部背面棕色，腹面淡棕黄色，侧接缘每节具黑斑；前翅革片基部棕褐色，其余为黄绿色，稀布粗黑刻点，膜片暗棕色，几乎不透明；足淡绿褐色，胫节末端及跗节棕色。

寄主与习性：取食菊科、禾本科等植物。

水黾蝽 *Gerris lacustris* (Linnaeus)　　黾蝽科 Gerridae

形态特征：成虫体长7.9~10.1 mm，体纺锤形，黑褐色，腹面黑色，中央及侧缘褐色，侧面金色，密生银灰色细毛；头顶基部有黄褐色“V”形斑纹；前胸背板长，前缘部正中线略隆起，中央具褐色纵纹，边缘黄褐色；前翅黑褐色，长达腹端或近腹端，短翅型个体则仅达腹部中央。

寄主与习性：捕食蝇类等小型昆虫。

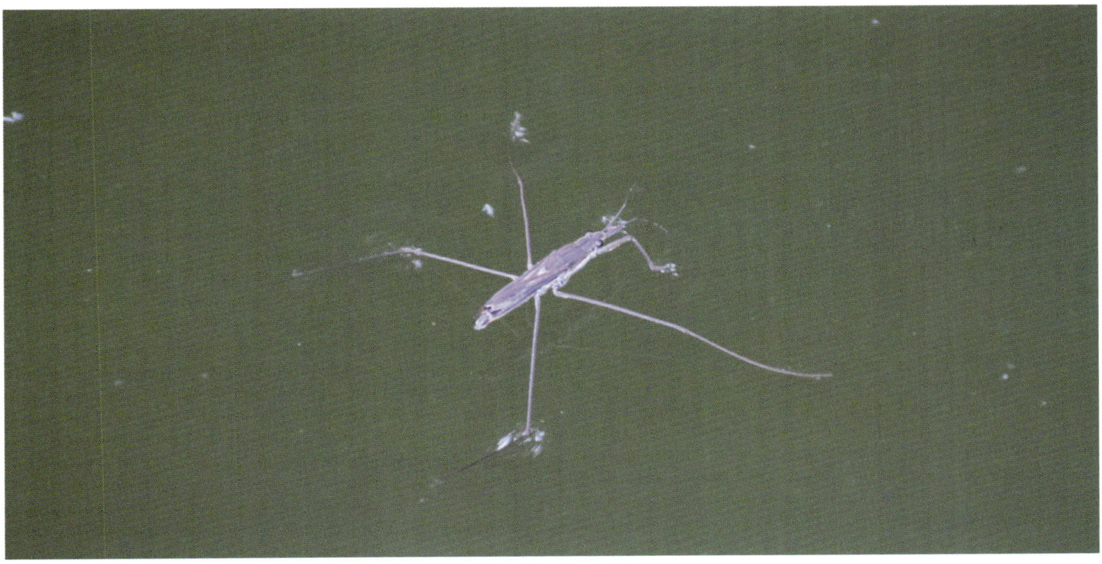

脉翅目

Neuroptera

白线草蛉 *Chrysopa albolineata* Killington

草蛉科 Chrysopidae

形态特征：成虫体长9.0~11.0 mm，体浅绿色，细长；触角白色，细长，较体长；复眼具金色闪光；头部两侧的颊斑和唇基部小而分开；胸部和腹部背面中央有白色纵带，其他部分无斑；翅阔，透明，前翅基部的胫中横脉连在内中室上。

寄主与习性：捕食蚜虫、螨虫等小型昆虫等。

丽草蛉 *Chrysopa formosa* Brauer

草蛉科 Chrysopidae

形态特征：成虫体长8.9~10.1 mm，体绿色；下颚须和下唇须均为黑色；触角比前翅短，黄褐色；前胸背板长略大于宽，中部具1个横沟，横沟两侧各具1个褐色斑，中胸和后胸背面也有褐色斑；翅透明，翅端较圆，翅痣黄绿色，翅脉上具黑毛；足绿色，胫节及跗节黄褐色。

寄主与习性：捕食蚜虫、鳞翅目昆虫的卵和幼虫等。

大草蛉 *Chrysopa pallens* (Rambur)　草蛉科 Chrysopidae

形态特征：成虫体长11.0~15.0 mm，体黄绿色，具黑斑纹；头上具2~7个黑色斑；触角丝状，除基部两节与头同样为黄绿色外，其余均为黄褐色；复眼金黄色，呈半球状，凸出于头部两侧；翅透明，前翅前缘横脉列黑色；足跗节和爪褐色。

寄主与习性：捕食蚜虫、叶螨、鳞翅目昆虫的卵及低龄幼虫等多种农林害虫。

中华草蛉 *Chrysopa sinica* Tjeder　草蛉科 Chrysopidae

又名中华通草蛉。

形态特征：成虫体长8.9~11.0 mm，体黄绿色；头部淡黄色，颊斑和唇基各具1对黑斑；胸部和腹部背面两侧淡绿色，中央具黄色纵带；触角比前翅短，呈灰黄色，基部两节与头部同色；翅透明，翅脉黄绿色，翅基部横脉多为黑色；足黄绿色，胫节端、跗节和爪褐色。

寄主与习性：捕食蚜虫、红蜘蛛、鳞翅目昆虫的小幼虫等。

褐纹树蚁蛉 *Dendroleon pantherinus* (Fabricius)

形态特征：成虫体长17.9~24.1 mm，头部黄褐色，额中央、触角基部褐色；触角黄褐色；下颚须和下唇须均短小，黄褐色；胸部背面黄褐色，中央具褐色纵带，后胸褐纹明显；腹部黄褐色；翅透明，具花斑，分布在翅尖及后缘，后缘中央具弧形纹；足黄褐色，具黑色斑，跗节大部为黑色，前足基节外侧褐色。

寄主与习性：捕食多种小型昆虫。

鞘翅目

Coleoptera

星斑虎甲 *Cylindera kaleea* (Bates)

步甲科 Carabidae

形态特征：成虫体长8.4~10.1 mm，体墨绿色；头胸部具铜色光泽；鞘翅具4个黄白色斑，外侧2个呈钩形，内侧2个呈点形。

寄主与习性：捕食多种小型昆虫。

斜条虎甲 *Cylindera obliquefasciata* (Adams)

步甲科 Carabidae

形态特征：成虫体长9.9~11.1 mm，体黑色，带绿色光泽；上唇黄白色，唇基黑色；触角第1节端部具1根刚毛；前胸背板两侧具较密的白毛；腹面蓝黑色，具明显光泽；鞘翅除肩角斑外，背面具3对白斑，肩前斑点状，中斑大，斜置，端斑呈“C”形。

寄主与习性：捕食多种小型昆虫。

黑足婪步甲 *Harpalus roninus* Bates　步甲科 Carabidae

形态特征：成虫体长15.9~18.1 mm，体暗黑色；头顶密被刻点，具细皱，额凹明显，眉毛1根；触角、口须棕红色，触角长度达翅基部，第3~11节被密毛；前胸背板宽于头部，中沟浅；腹面棕褐色；足腿节、胫节黑色，跗节棕红色。

寄主与习性：捕食黏虫等鳞翅目幼虫及蚜虫。

圆胸畸颚步甲 *Licinus setosus* (Sahlberg)　步甲科 Carabidae

形态特征：成虫体长7.3~8.4 mm，体黑色；触角红褐色，长可达前胸后缘或鞘翅基部；前胸背板宽大于长，最宽处在近中部，前后角均圆突，盘区密具刻点；足胫节及跗节红褐色。雄虫前足基跗节膨大，鞘翅两侧近于平行，中部最宽。

寄主与习性：捕食鳞翅目幼虫等小型昆虫。

北京大通缘步甲 *Myas jaechi* (Sciaky)　　步甲科 Carabidae

形态特征：成虫体长19.9~22.1 mm，体黑色；头胸部具很弱的紫色光泽，鞘翅紫色光泽明显；触角短，不及前胸基部，前胸背板宽大于长，侧缘前半弧形外突，往后角呈"S"形，基凹深，简单无刻点，基凹外侧脊明显，且弯向内侧；鞘翅最宽处位于中部稍后，沟深，行间隆起，鞘翅肩角呈广弧形。

寄主与习性：捕食鳞翅目幼虫等小型昆虫。

小雀斑龙甲 *Rhantus suturalis* (Macleay)　　龙虱科 Dytiscidae

形态特征：成虫体长10.0~13.0 mm，体翅黄褐色；额及头顶黑色；复眼间具1个黄褐色斑，与前方浅色区相通；前胸背板中央或前后缘具黑色或黑褐色斑；小盾片黑色；鞘翅除侧缘外，密布微小黑褐色斑，近末端具1个小黑斑。

寄主与习性：取食水生生物或腐生生物。

多色异丽金龟 *Anomala chaemeleon* Fairmaire　　金龟科 Scarabaeidae

形态特征：成虫体长11.9~13.9 mm，体近卵圆形，颜色多变；鞘翅铜绿色、黄褐色；头、前胸背板、小盾片、臀板深铜色；触角9节；前胸背板后缘侧端无明显边沿，内侧有深显横沟；腹部第1~4节侧端纵脊状，臀板短阔三角形；前足胫端有2个外齿，前、中足大爪分叉。

寄主与习性：幼虫取食刺槐、杨、柳等多种植物的地下部分，成虫取食多种植物的叶片。

福婆鳃金龟 *Brahmina faldermanni* Kraatz　　金龟科 Scarabaeidae

形态特征：成虫体长8.9~12.3 mm，体栗褐色，被密毛，鞘翅略浅；唇基前缘横直，额头粗糙，近头顶具褶皱状横脊；触角10节，鳃部3节；前胸背板侧缘钝角形，中部最突出，侧缘锯齿状。

寄主与习性：取食桃、杏、李、荆条、苹果等植物。

赭翅臀花金龟 *Campsiura mirabilis* (Faldermann)　金龟科 Scarabaeidae

又名奇弯腹花金龟。

形态特征：成虫体长18.9~22.1 mm，体黑色，光亮；唇基前部具倒“U”形白斑；前胸背板两侧白色，齿胸侧面具白斑；鞘翅狭长，除周缘黑色外其余赭黄色；后足基节外侧均为浅黄色；小盾片小，两侧缘稍向内弯，顶端甚尖。

寄主与习性：取食槐等多种植物。

长毛花金龟 *Cetonia magnifica* (Ballion)　金龟科 Scarabaeidae

又名华美花金龟。

形态特征：成虫体长15.0~18.0 mm，体色多变，有古铜色、铜红色、暗褐色等，腹面和足具较强的光泽；前胸背板具细小刻点，每刻点具直立绒毛；鞘翅具弧形或马蹄印样刻痕，多具白色长毛，鞘翅上的毛较前胸稀疏，鞘翅上分布有一些白斑。

寄主与习性：取食栎类、栗、梨、苹果、杂草等植物的花或嫩叶。

白斑跗花金龟 *Clinterocera mandarina* (Westwood)　金龟科 Scarabaeidae

形态特征：成虫体长12.2~13.6 mm，体黑色，具光泽；鞘翅中部近缝肋处具1个白斑，有时此斑的后侧方有1个较小白斑；唇基前缘弧形隆起，似猪拱嘴；触角10节，柄节特化成猪耳状。

寄主与习性：不详。

小青花金龟 *Gametis jucunda* (Faldermann)　金龟科 Scarabaeidae

形态特征：成虫体长11.9~14.1 mm，体色多变，有古铜色、暗绿色、铜红色、黑褐色等，具光泽，体背具大小不等的淡黄白色斑；前胸背板中央两侧各具1个白斑，侧缘白色或具白斑；鞘翅具众多白斑，有些个体鞘翅近基部具橙黄色大斑。

寄主与习性：访问山楂、紫穗槐、南蛇藤、梨、荆条、绣线菊等植物。

黄斑短突花金龟 *Glycyphana fulvistemma* Motschulsky　金龟科 Scarabaeidae

形态特征： 成虫体长10.1~13.6 mm，体黑色，体背无光泽，被天鹅绒状薄层；前胸背板具4个小斑，呈梯形排列；鞘翅中部具浅黄色大绒斑，有时后方还有些小斑点。

寄主与习性： 取食柞树、桃、梨、苹果等植物。

华北大黑鳃金龟 *Holotrichia oblita* (Faldermann)　金龟科 Scarabaeidae

形态特征： 成虫体长12.9~21.9 mm，体黑褐色至黑色，光滑，具光泽；唇部短阔，前侧、侧缘上翘，前缘中凹明显；触角10节，鳃部3节，雄虫鳃部长；小盾片近半圆形；鞘翅后半部稍扩大，具4条清楚纵肋。

寄主与习性： 取食杨、柳、榆、桑等多种植物。

短毛斑金龟 *Lasiotrichius succinctus* (Pallas)　金龟科 Scarabaeidae

形态特征：成虫体长8.9~12.1 mm，体黑色，密被淡黄色、棕褐色至黑褐色绒毛；鞘翅具淡黄褐色斑纹或3条黑纹，基部1条并不伸达鞘缝；前臀大部外露，密被淡灰白色绒毛，整齐呈1条横带。

寄主与习性：取食小叶女贞、照山白、狼尾花等植物的花粉、花蜜和花瓣。

黑绒金龟 *Maladera orientalis* (Motschulsky)　金龟科 Scarabaeidae

又名东方绢金龟。

形态特征：成虫体长9.9~12.1 mm，体黄褐色至黑褐色，具丝绒般光泽，头胸部颜色稍深；触角黑褐色，9节，第1节基大部常浅色，鳃部3节，雄虫鳃部长；前胸背板宽大于长，侧缘前半部近于平行，后半部明显向后收缩；足腿节端部及以下黑色。

寄主与习性：取食杨、柳、酸枣、苹果、桃等植物。

掘嗡蜣螂 *Onthophagus fodiens* Waterhouse　　金龟科 Scarabaeidae

形态特征：成虫体长6.9~11.1 mm，体黑褐色至黑色；触角9节，鳃部3节，短；前胸背板满布刻点，具光泽，中央呈大“W”形隆起，雌虫前胸背板呈均匀弧形，不具特殊隆起；前足胫节外侧具4个齿。

寄主与习性：粪食性。

琉璃弧丽金龟 *Popillia flavosellata* Fabricius　　金龟科 Scarabaeidae

形态特征：成虫体长8.4~12.6 mm，体蓝黑色至黑色，偶见鞘翅呈红褐色个体；前胸背板前侧角锐而向前伸，后侧角圆钝，小盾片三角形；腹部每腹板具1排毛，侧端具毛斑，臀板具1对常互相远离的白色毛斑。

寄主与习性：访问杨、柳、荆条、女贞等植物。

无斑弧丽金龟 *Popillia mutans* Newman 金龟科 Scarabaeidae

形态特征：成虫体长8.9~14.1 mm，体色多变，有蓝黑色、蓝色、墨绿色、暗红色、红褐色，具强烈金属光泽；唇基近半圆形，前缘较直，上卷不明显；前胸背板中后部光滑无刻点；鞘翅具10列刻点，近基部具横凹；腹侧无明显毛斑。

寄主与习性：取食植物的花和叶片，成虫访问荆条、苜蓿、月季、胡枝子等植物。

中华弧丽金龟 *Popillia quadriguttata* (Fabricius) 金龟科 Scarabaeidae

形态特征：成虫体长7.4~12.1 mm，体青铜色，具金属光泽，尤以前胸背板为亮；触角9节，鳃部3节；鞘翅黄褐色，侧缘颜色较深，缝肋部分带绿色或黑绿色，具6条刻点沟；腹部1~5节侧面各具1个白色毛斑。

寄主与习性：取食荆条、苹果、葡萄、樱花等植物。

饥星花金龟 *Protaetia famelica* (Janson)

金龟科 Scarabaeidae

又名多纹星花金龟。

形态特征：成虫体长13.9~19.1 mm，体色多变，有古铜色、铜红色、铜绿色等，体背具不同形状的白色绒斑；前胸背板近于梯形，刻点稀小，两侧密布皱纹和刻点，中胸腹突横向，前缘弧形。

寄主与习性：取食榆树等植物，也可访花。

暗绿星花金龟 *Protaetia lugubris orientalis* (Medvedev)

金龟科 Scarabaeidae

形态特征：成虫体长20.9~24.9 mm，体绿色、暗绿色或古铜色；前胸背板、前翅、体下和足为绿色或金绿色，体上和腹面散布白绒斑；唇基前缘横直，向上折翘；前胸背板短宽，基部较宽，中后部具4个呈梯形排列的白绒斑，两侧各有1排不连续的白斑。

寄主与习性：取食黄芪等植物的根和花茎。

东北星花金龟 *Protaetia mandschuriensis* (Schürhoff) 金龟科 Scarabaeidae

形态特征：成虫体长22.0~24.0 mm，体亮绿色，具金属光泽；前胸背板具稀疏刻点，中央具无刻点区，侧缘刻点较粗，后缘中央明显内凹，中胸腹突横长，前缘弧形，表面光滑，无刻点。

寄主与习性：取食绣线菊等植物，也可访花。

花金龟 *Protaetia* sp. 金龟科 Scarabaeidae

形态特征：成虫体长16.0~22.0 mm，体灰褐色，被黄绿色绒毛，头、胸部较密；前胸背板侧缘弧形，小盾片窄三角形；鞘翅近长方形；足黑褐色，基部密被黄绿色短绒毛。

寄主与习性：取食榆树等植物。

束带斑金龟 *Trichius fasciatus* (Linnaeus)　金龟科 Scarabaeidae

形态特征：成虫体长12.4~16.1 mm，体黑色；唇基长稍大于宽，密被黄色长绒毛；小盾片短小，几呈半圆形，密布刻点和黄绒毛；鞘翅呈褐黄色或褐红色，较短宽，近于长方形，每翅有4~5条刻点行和3个横向黑斑，基部和翅端各1个，中部1个。

寄主与习性：取食紫薇、木槿等植物的花茎。

达乌里覆葬甲 *Nicrophorus dauricus* Motschulsky　葬甲科 Silphidae

形态特征：成虫体长12.9~28.1 mm，体黑色；复眼后簇生金黄色刚毛；触角黑褐色，棒节亦黑褐色；前胸背板前缘比后缘宽大，侧缘及后缘的刚毛较稀疏；鞘翅密被刚毛，每鞘翅各具2个橙黄色横斑。

寄主与习性：不详。

黄褐前锹甲 *Prosopocoilus blanchardi* (Parry)

锹甲科 Lucanidae

又名两点锯锹形虫、褐黄前锹甲。

形态特征：成虫体长19.9~43.1 mm，体色多变，黄褐色至褐红色；头、胸背板、小盾片和鞘翅边缘多为黑色或暗褐色；上颚端部、前胸背板中央颜色深，前胸背板两侧近后角处常各具1个灰黑色圆斑。

寄主与习性：取食林木、果树等伤口流出的树液。

泥红槽缝叩甲 *Agrypnus argillaceus* (Solsky)

叩甲科 Elateridae

形态特征：成虫体长12.4~15.6 mm，体背颜色有变化，密被红褐色至朱红色鳞片状扁毛；前胸背板中部宽大于长，中部纵向略低凹，近后缘尤为明显，两侧最宽处位于中部之前，并向前角明显收窄，前胸腹缝凹陷成沟槽；鞘翅两侧平行，后1/3处渐向端部变窄。

寄主与习性：取食榆树、核桃树、核桃楸等植物的根部。

宽背金叩甲 *Selatosomus latus* (Fabricius)

叩甲科 Elateridae

又名宽背叩甲。

形态特征：雌虫体长10.4~13.2 mm，雄虫体长9.1~12.1 mm，体黑色带青铜色或蓝色；触角短，不达前胸背板基部；前胸背板横宽，侧缘外凸有翻卷边沿，向前圆形渐狭，后角尖刺状；小盾片宽，两侧拱出呈弧形；鞘翅宽，最宽处位于中点后，翅端1/3处开始变狭，具宽卷边，刻点沟列明显。

寄主与习性：取食苗木根部。

白蜡窄吉丁 *Agrilus planipennis* Fairmaire

吉丁虫科 Buprestidae

又名花曲柳窄吉丁。

形态特征：成虫体长11.9~15.1 mm，体铜绿色，具金属光泽；复眼古铜色，肾形，较大，占头的大部分；前胸横长方形，侧缘舟弧形，基部稍窄于鞘翅基部；鞘翅前缘隆起成横脊，表面密布刻点，尾端圆钝，边缘有小齿突；腹部青铜色。

寄主与习性：取食白蜡树、水曲柳、花曲柳等植物。

平足吉丁 *Agrilus sospes* Lewis　吉丁虫科 Buprestidae

又名平足窄吉丁。

形态特征：成虫体长6.1~7.9 mm，体黑褐色，具紫铜色光泽，体背被黄白色短毛，体侧具白斑；头顶具纵向的褶皱；前胸背板中央具横向的褶皱，前缘比后缘宽大，前侧角锐角形，后侧角几乎直角形；鞘翅具3对白色毛斑。

寄主与习性：取食朴树等林木。

窄吉丁 *Agrilus* sp.　吉丁虫科 Buprestidae

形态特征：成虫体长3.0~8.0 mm，体棕灰色；鞘翅银灰色，密布刻点，中部收缩，近尾部具斑纹；小盾片扁三角形；足灰黑色。

寄主与习性：不详。

柳树沟胸吉丁 *Nalanda rutilicollis* Obenberger

吉丁虫科 Buprestidae

形态特征：成虫体长5.0~9.0 mm，体表无明显毛斑；头、胸金铜色，头短，头顶略突，正中具1条细沟，布满细密颗粒状突起；前胸背板前缘双曲状，具灰黄色刚毛，无缘齿，后缘双曲状，中叶后突明显，背板表面布满细颗粒状突起及细刻纹，排列近同心状；鞘翅深蓝色发绿色光泽。

寄主与习性：取食柳树、榆树等林木。

松阴吉丁 *Phaenops yin* Kubáň et Bíly

吉丁虫科 Buprestidae

又名松黑木吉丁。

形态特征：成虫体长8.7~12.6 mm，体背黑色，具铜色光泽，腹面黑色，具2种明显不同的光泽：头胸部具铜绿色光泽；腹部具蓝绿色光泽。

寄主与习性：取食油松韧皮部。

赤缘吻红萤 *Lycostomus porphyrophorus* (Solsky)　萤科 Lampyridae

形态特征：成虫体长11.9~18.1 mm，体黑色，前胸背板两侧及鞘翅红色，有时前胸背板中央黑褐色；头延长呈长吻状；前胸背板钟形，前缘稍圆突，后缘近于平行；鞘翅具4条纵隆脊，其中第3条较弱。

寄主与习性：捕食小型昆虫。

红翅圆胸花萤 *Prothemus purpureipennis* (Gorham)　萤科 Lampyridae

形态特征：成虫体长9.9~12.1 mm，体黑褐色至黑色，被棕色短毛；触角第2节最短；前胸背板黑褐色，近于圆形，基大部两侧浅隆起；鞘翅红褐色，被同色毛，具2条不明显的纵脊。

寄主与习性：捕食小型昆虫。

花斑皮蠹 *Trogoderma variabile* Ballion　　皮蠹科 Dermestidae

形态特征：成虫体长2.3~4.0 mm，雌虫个体较大；除翅端外，鞘翅具3条棕红色横斑，基部1条呈圆形或环形；触角11节，雄虫触角端节长，约为第10节的3倍，而雌虫的不及第10节的2倍。

寄主与习性：取食禾本科植物等。

连斑奥郭公虫 *Opilo communimacula* (Fairmaire)　　郭公虫科 Cleridae

形态特征：成虫体长5.0~8.0 mm，体、足黑色；触角黄褐色；下颚须和下唇须端节呈斧形；前胸背板长大于宽，基部2/5收窄；鞘翅红色，具细小刻点，近端部具琵琶形黑色斑。

寄主与习性：捕食小蠹虫等钻蛀性昆虫。

中华食蜂郭公虫 *Trichodes sinae* Chevrolat 郭公虫科 Cleridae

又名中华毛郭公虫。

形态特征：成虫体长8.9~18.1 mm，体色多变，具蓝黑色金属光泽；头及前胸深蓝色；触角短，细长，末3节膨大；前胸背板前宽后窄呈瓶颈状，密生细长褐色毛；鞘翅棕色至红色，基部具半圆形小黑斑，基部1/3处和端部1/3处具黑色横纹。

寄主与习性：捕食小型昆虫。

浅黄肖姬花蚤 *Falsomordellistena* sp. 花蚤科 Mordellidae

形态特征：成虫体长3.2~4.0 mm，体淡黄色，被黑褐色短毛；复眼近卵形，前端不凹入；下颚须长大，两侧近于平行，端缘稍斜，腹末臀锥较长，略过后足第1跗节端；足黑色，后足刻脊黑褐色。

寄主与习性：不详。

全黑花蚤 *Mordella holomelaena* Apfelbeck　花蚤科 Mordellidae

形态特征：成虫体长5.3~6.3 mm，体黑色，体表被排列整齐的黄色倒伏毛；触角第3节稍短于第4节，第5~10节呈锯齿状；腹末臀锥较长；鞘翅基部最宽，宽大于鞘翅长的1/2；足无刻脊。

寄主与习性：成虫访问小花溲疏、委陵菜、蒿等。

侧斑雅花蚤 *Yakuhananomia* sp.　花蚤科 Mordellidae

形态特征：成虫体长3.2~7.0 mm，体背被金黄色短毛，部分区域无此类毛而呈现黑斑，额中央、前胸背板5个，中线1个，两侧各2个，其中前方1对较小；复眼近卵形，前端不凹入；鞘翅前半近“V”形，后半具2条横带；腹末臀锥较短，每腹板的两侧基部具黑斑；后足呈柱状。

寄主与习性：不详。

奇伪赤翅甲 *Pseudopyrochroa peculiaris* (Lewis)　赤翅甲科 Pyrochroidae

形态特征：成虫体长9.0~11.0 mm，体黑色；头稍窄于前胸；复眼前缘内凹，内凹处复眼宽度大于后颊，两眼间距约为其横径的2倍；前胸背板宽大于长，两侧近弧形；鞘翅红褐色，具同色绒毛，两侧向后稍扩大。

寄主与习性：幼虫取食菌类或腐殖质。

针污朽木甲 *Borboresthes acicularis* Marseul　阎甲科 Histeridae

形态特征：成虫体长8.0~10.0 mm，体黑褐色，长卵形，被金黄色毛；触角棕褐色；前胸背板具侧边，最宽处位于基部；鞘翅两侧基部2/3处近于平行，后向端部缓慢收窄；足棕褐色，后足基跗节长于其他节之和。

寄主与习性：不详。

吉氏分阎甲 *Merohister jekeli* (Marseul)　阎甲科 Histeridae

形态特征：成虫体长6.9~9.6 mm，体黑色，具光泽；触角颜色稍浅；前胸背板前角之后近侧线的凹陷处具粗大刻点；鞘翅具4条完整的背线，近鞘缝的2条短；前足胫节着生红褐色刺，外侧具4~6个齿，端部具2枚刺。

寄主与习性：捕食蛆、螨等。

红点唇瓢虫 *Chilocorus kuwanae* Silvestri　瓢虫科 Coccinellidae

形态特征：成虫体长3.7~4.6 mm，体周缘近于圆形，背面黑色有光泽，半球形拱起；胸部腹面和缘折黑色；腹部腹面褐黄色；每鞘翅中央各具1个红褐色近圆形斑，外缘具细窄的隆线，肩胛明显，缘折完整，前宽后窄；足黑色。

寄主与习性：捕食蚧虫、蚜虫、粉虱等多种小型昆虫。

黑缘红瓢虫 *Chilocorus rubidus* Hope　　瓢虫科 Coccinellidae

形态特征：成虫体长5.7~7.3 mm，头和前胸背板黑色；鞘翅周缘黑色，背面中央枣红色，枣红色区域在不同个体中大小不同，有些个体枣红色区域很小，或扩大，整个鞘翅中缝也是枣红色。

寄主与习性：捕食多种介壳虫。

七星瓢虫 *Coccinella septempunctata* Linnaeus　　瓢虫科 Coccinellidae

形态特征：成虫体长5.1~7.1 mm，体红色，卵圆形，背面光滑，呈半球状；鞘翅黄色、橙红色至红色，具7个黑色斑点。雌雄斑纹相同，雌虫常较雄虫大些，雄虫腹部腹面末端有1个小的横凹陷，而雌虫则平坦光滑，无此凹陷。

寄主与习性：捕食多种蚜虫。

中国双七瓢虫 *Coccinula sinensis* (Weise)

瓢虫科 Coccinellidae

形态特征：成虫体长2.9~4.3 mm，头白色、黑色或黄棕色，雄虫头顶黑色；复眼附近具白色或黄棕色斑；鞘翅黑色，各具7个白色或黄棕色斑，其中鞘翅中部近鞘缝的2个斑呈明显的横向长形。

寄主与习性：捕食多种蚜虫。

异色瓢虫 *Harmonia axyridis* (Pallas)

瓢虫科 Coccinellidae

形态特征：成虫体长5.3~8.1 mm，体色、前胸背板斑纹多变；前胸背板具4~5个黑斑，或黑斑相连形成“八”或“M”形斑，或黑斑扩大，仅外缘白色，或仅前角的两侧缘浅色；鞘翅分为浅色型和深色型，每鞘翅上最多9个黑斑和1个小盾斑，或消失或扩大相连，大多数个体在鞘翅末端具1个明显的横脊。

寄主与习性：捕食多种蚜虫、蚧虫、叶甲、蛾类幼虫等。

马铃薯瓢虫 *Henosepilachna vigintioctomaculata* (Motschulsky) 瓢虫科 Coccinellidae

形态特征：成虫体长6.5~8.3 mm，体棕黄色；前胸背板几乎黑色或具5个黑斑，即1个中斑和1对侧斑，中斑由3个斑组成，呈长条状，斑纹可扩大；鞘翅具14个黑斑，有时斑纹相连，几近黑色，仅剩一些红色细条纹。

寄主与习性：取食茄科、豆科、葫芦科等植物。

茄二十八星瓢虫 *Henosepilachna vigintioctopunctata* (Fabricius) 瓢虫科 Coccinellidae

又名酸浆瓢虫、伪二十八星瓢虫。

形态特征：成虫体长5.0~7.0 mm，体橙红色，半球形，密被黄色细毛，斑纹多变；前胸背板具6个黑点；鞘翅从典型的28个斑减少至12个斑，或黑斑相连，背面几乎全黑，每鞘翅上第2横排的斑点几乎是在一条斜线上。

寄主与习性：取食茄科、豆科、葫芦科等植物。

四斑显盾瓢虫 *Hyperaspis leechi* Miyatake　　瓢虫科 Coccinellidae

形态特征： 成虫体长3.4~4.7 mm，体黑色，卵形，瓢形拱起；雄虫额黄色，雌虫额黑色；前胸背板侧缘黑色，两侧各具1个橙黄色斑，前缘有橙黄色带与两侧斑相连；腹面黑色；足黄棕色。

寄主与习性： 捕食蚜虫等小型昆虫。

菱斑巧瓢虫 *Oenopia conglobata* (Linnaeus)　　瓢虫科 Coccinellidae

形态特征： 成虫体长3.0~6.0 mm，头部黄白色，后缘具2个黑斑；复眼黑色；口器、触角黄褐色；前胸背板呈黄褐色或红褐色，具7个小黑斑；鞘翅斑纹多变，具1条黑色中线，典型的是每鞘翅具8个黑色或红褐色斑；腹部第1节两侧各有1个灰白色斑。

寄主与习性： 捕食蚜虫及鳞翅目等小型昆虫。

高砂巧瓢虫 *Oenopia takasago* (Sasaji)

瓢虫科 Coccinellidae

形态特征：成虫体长3.0~5.0 mm，体短卵形，背面中部拱起；雄虫头部呈白色，雌虫头部呈黑色；前胸背板黑色，雄虫侧缘具黄白色斑，基缘黑色，雌虫或与雄虫一样，或仅具较窄的淡黄色侧缘；鞘翅黑色，各具1对红斑。

寄主与习性：捕食蚜虫等小型昆虫。

龟纹瓢虫 *Propylea japonica* (Thunberg)

瓢虫科 Coccinellidae

形态特征：成虫体长3.4~4.8 mm，斑纹多变；雌虫额中部具1个黑斑，有时较大而与黑色的头顶相连，雄虫无此黑斑；前胸背板白色或黄白色，中基部具1个大型黑斑，有时黑斑缩小；鞘翅黄色、黄白色或橙红色，侧缘半透明，鞘缝黑色，典型的斑纹为龟纹状；足黄色。

寄主与习性：捕食多种蚜虫、粉虱、木虱等。

十二斑褐菌瓢虫 *Vibidia duodecimguttata* (Poda)　瓢虫科 Coccinellidae

形态特征： 成虫体长3.0~4.8 mm，体红褐色或黄褐色；头白色，有时头顶具2个浅褐色圆斑；每鞘翅具6个白斑，翅缘的第1个斑位于近鞘缝1、2斑之间。

寄主与习性： 取食杨、刺槐等叶片上的白粉菌。

杂色栉甲 *Cteniopinus hypocrita* (Marseul)　拟步甲科 Tenebrionidae

形态特征： 成虫体长14.5~17.2 mm，体黄色；触角第3~11节黑色；下颚须暗褐色；腹板红褐色，但雌虫前3节黄色；足胫节和跗节黑色。

寄主与习性： 成虫见于悬钩子、苍术、荆条等小灌木，取食雄花。

波氏栉甲 *Ceniopinus potanini* Heyd　　拟步甲科 Tenebrionidae

形态特征：成虫体长11.4~14.1 mm，体色多变，有黄褐色、棕褐色等；头及触角棕褐色，触角较长，雄虫触角可达鞘翅的一半；前胸背板宽大于长；腹面暗褐色；鞘翅黄色；足腿节颜色比胫节和跗节浅。

寄主与习性：成虫见于酸枣树、荆条、臭椿等植物。

黑胸伪叶甲 *Lagria nigricollis* Hope　　拟步甲科 Tenebrionidae

又名黑伪叶甲。

形态特征：成虫体长5.0~7.0 mm，头、前胸背板、小盾片、触角第1节、鞘翅、胸部腹面及3对足橘红色；头顶光滑无刻点，角后三角形；触角第2节至端部颜色由浅褐色逐渐变为深褐色；前胸背板基缘较圆，两侧缘较直；腹部腹面黄色；鞘翅端部1/5黑色，密布不规则刻点，两侧平行，肩角下具2道纵脊伸向端部，两脊间及内侧皆凹。

寄主与习性：取食榆、柳、桑树等植物。

苜蓿多节天牛 *Agapanthis amurensis* Kraatz　天牛科 Cerambycidae

形态特征：成虫体长9.9~17.1 mm，体深蓝色或紫罗兰色，具金属光泽；头胸密布深刻点；触角黑色，自第3节起各节基部被淡灰白色绒毛，第1节和第3节端部具毛刷状簇毛；前胸背板长、宽近于等长或宽略大于长，两侧中部之后稍膨突；小盾片半圆形；足较短。

寄主与习性：幼虫蛀食苜蓿及菊科植物的根茎。

光肩星天牛 *Anoplophora glabripennis* (Motschulsky)　天牛科 Cerambycidae

形态特征：成虫体长16.0~40.0 mm，体漆黑色，带紫铜色或蓝色光泽；头部比前胸略小；触角11节，基部蓝黑色，触角第3节起各节基部具淡蓝色毛环；前胸背板具皱纹和刻点，两侧各具1个棘状突起；鞘翅具10~20个不规则白色斑点，基部光滑，无瘤状颗粒；足腿节、胫节及跗节上具蓝色绒毛。

寄主与习性：幼虫蛀食杨、柳、元宝槭、榆、糖槭、白桦、黑桦等林木。

褐梗天牛 *Arhopalus rusticus* (Linnaeus) 天牛科 Cerambycidae

形态特征：成虫体长9.9~30.1 mm，体浅棕色至深棕色，雌虫常黑褐色；雄虫触角达体长的3/4，雌虫触角长只达1/2；前胸背板宽大于长，中央具1个细纵凹，与前后方的2个横凹槽相连，两侧也具1个纵向小凹槽；鞘翅后端圆，鞘缝处隆起，可见2条明显的细隆脊。

寄主与习性：幼虫蛀食云杉、冷杉、落叶松、柏等林木。

桃红颈天牛 *Aromia bungii* (Faldermann) 天牛科 Cerambycidae

又名红颈天牛、铁炮虫、哈虫。

形态特征：成虫体长25.9~37.1 mm，体漆黑色，光亮；头黑色，触角蓝紫色，基部两侧各有1个叶状突起；前胸背板红色或黑色，两侧近中部具尖锐侧刺突，背面前后各具2对光滑瘤突，腹面密布横皱纹，前后缘黑色；鞘翅翅面光滑，基部较前胸宽，后端较狭。

寄主与习性：幼虫蛀食桃、杏、李、梅、樱桃、樱花树的树干基部和主干。

槐绿虎天牛 *Chlorophorus diadema* Motschulsky　天牛科 Cerambycidae

形态特征：成虫体长9.9~12.1 mm，体黑褐色或黑色，被灰黄色绒毛；头顶无毛，密布刻点；前胸背板大，中央光滑；鞘翅基部具灰黄色绒毛，翅端具2条灰白色横带，翅基1/3处具1个类似于“火”字形的灰白色斑；前足、中足股节蓝灰色。

寄主与习性：幼虫蛀食杨、柳、槐、樱桃、桦、枣树等林木。

六斑绿虎天牛 *Chlorophorus sexmaculatus* (Motschulsky)　天牛科 Cerambycidae

形态特征：成虫体长10.0~13.0 mm，体黑色，被灰绿色绒毛；前胸及鞘翅具无毛区，呈现黑色斑纹，前胸背板中央具1个叉形黑斑，两侧略前方具小圆斑；鞘翅各具6个斑，基部中部及近端部各具2个斑，近端斑常常相连。

寄主与习性：幼虫蛀食核桃、栓皮栎等林木。

薄翅锯天牛 *Megopis sinica* (White)

天牛科 Cerambycidae

又名中华薄翅天牛。

形态特征：成虫体长30.0~53.0 mm，体赤褐色或暗棕色；头具细密刻点，被灰黄色短细毛；前额凹下，中央具细纵沟；前胸背板前缘狭，后缘宽，呈梯形，表面密布刻点及灰黄色短毛，中区被毛较稀疏；每鞘翅具2~3条纵隆脊，并具细微刻点及灰黄色短毛，基部刻点较粗。

寄主与习性：幼虫蛀食杨、柳、桑、榆、栎、白蜡、苹果树等林木。

四点象天牛 *Mesosa myops* (Dalman)

天牛科 Cerambycidae

形态特征：成虫体长9.9~14.1 mm，体灰褐色；触角部分赤褐色，节下沿密生灰白色及深棕色缨毛；前胸背板具4个黑色丝绒毛斑：前2个长条形，后2个短小，近圆形；鞘翅具许多土黄色和黑色斑点。

寄主与习性：幼虫蛀食杨、柳、榆、核桃、苹果、山楂、枣树等林木。

双簇污天牛 *Moechotypa diphysis* (Pascoe)　天牛科 Cerambycidae

形态特征：成虫体长16.9~25.0 mm，体黑色，体背具黑色披针形毛，同时具灰白色或棕红色毛，可形成方格形纹；前胸背板和鞘翅具多瘤状毛突，鞘翅宽阔，每鞘翅基部1/5处各有1簇黑色绒毛。

寄主与习性：幼虫蛀食栎、核桃、杨、松、柏树等林木。

舟山筒天牛 *Oberea inclusa* Pascoe　天牛科 Cerambycidae

又名黑筒天牛。

形态特征：成虫体长12.9~15.1 mm，体狭长，橙黄色；头黑色；触角黑褐色，雄虫触角与体等长，雌虫触角长于体长；前胸背板棕色，长大于宽；腹部腹面第1~3节中部黑色，末节端部着生黑色绒毛；鞘翅侧缘黑褐色，中间暗棕色。

寄主与习性：幼虫蛀食榆、桃、李、梅、杏、苹果树等林木。

黑点粉天牛 *Olenecamptus clarus* Pascoe

天牛科 Cerambycidae

形态特征：成虫体长7.0~17.0 mm，体黑色，被白色绒毛；触角极细长，黄褐色，柄节被灰白色短毛，背面布瘤状颗粒；前胸背板长大于宽，两侧各有2个卵圆形黑斑，中央有1个长形黑条纹；小盾片横宽，近长方形；鞘翅两侧缘平行，近端部收窄，每鞘翅具4个黑斑。

寄主与习性：幼虫蛀食山桃、桑树等林木。

多带天牛 *Polyzonus fasciatus* (Fabricius)

天牛科 Cerambycidae

又名黄蓝带天牛、黄带多带天牛。

形态特征：成虫体长14.9~17.9 mm，体色和斑纹有变化，有蓝黑色、深绿色或蓝绿色等；鞘翅中央具2条黄色横带，宽度有变化，或中间的黑带缩小，仅在鞘缝处可见黑斑。

寄主与习性：幼虫蛀食榆、柳、侧柏、荆条等植物。

双条杉天牛 *Semanotus bifasciatus* (Motschulsky)　天牛科 Cerambycidae

形态特征：成虫体长8.9~15.1 mm，体黑褐色；前胸背板两侧弧形，被淡黄色长毛，具5个光滑的小瘤突，前2个圆形，后3个尖叶形；鞘翅上具2条棕黄色横带，前带基部棕褐色，后带较窄，不长于前面的黑带。

寄主与习性：幼虫蛀食侧柏、圆柏等林木。

麻天牛 *Thyestilla gebleri* (Faldermann)　天牛科 Cerambycidae

又名麻竖毛天牛。

形态特征：成虫体长9.9~14.1 mm，体色多变，有灰白色、褐色或黑色等；触角各节端部黑色；体背具灰白色纵纹，有时颜色很浅，呈灰褐色；头背、前胸背板和每鞘翅各具2条纵纹。

寄主与习性：幼虫蛀食桑、麻等植物。

咖啡脊虎天牛 *Xylotrechus grayii* (White)　天牛科 Cerambycidae

形态特征：成虫体长9.0~15.0 mm，体黑色；触角端部6节被白毛；前胸节背面具10个白色或淡黄色绒毛斑点，腹面每边1个；小盾片尖端被乳白色绒毛，前胸背板中央高凸，似球形；腹部每节两侧各有1个白斑；鞘翅栗褐色，基部比前胸基部略宽，向末端渐行狭窄；足黑色，但中后足腿节基部及胫节基大部分红褐色。

寄主与习性：幼虫蛀食榆、金银花、泡桐等。

朴草跳甲 *Altica caerulescens* (Baly)　叶甲科 Chrysomelidae

形态特征：成虫体长3.8~4.6 mm，体蓝黑色；触角较长，达体长的2/3，第3节稍长于第2节，其余各节均长于第3节；前胸背板光滑，无明显刻点；鞘翅上刻点明显比前胸背板的粗大，刻点间平滑。

寄主与习性：取食铁苋菜等植物。

褐足角胸叶甲 *Basilepta fulvipes* (Motschulsky)

叶甲科 Chrysomelidae

形态特征：成虫体长2.9~5.6 mm，体色多变，体背铜绿色；头棕色，密布刻点；触角丝状，棕红色，端部6~7节黑色或黑褐色；前胸棕色，前胸背板宽不及长的2倍，近六角形，两侧在基部之前突出成较锐或较钝的尖角；鞘翅绿色，基部隆起，肩后具1条斜伸的短隆脊；足褐色。

寄主与习性：取食榆、榆叶梅、李树、苹果树、菊花、艾蒿等植物的叶片。

蒿龟甲 *Cassida fuscorufa* Motschulsky

叶甲科 Chrysomelidae

形态特征：成虫体长4.9~6.6 mm，体背棕色；头、腹面和足黑色；触角基节的大部及端部5节黑色或黑褐色；胸腹侧片及腹部外周缘浅色，前胸背板侧角尖钝不同；鞘翅具模糊而不规则的斑纹。

寄主与习性：取食葎草、野菊花、蒿属、茄科等植物。

黑条龟甲 *Cassida lineola* Greutzer　叶甲科 Chrysomelidae

形态特征：成虫体长6.9~7.3 mm，体红棕色至血红色，体背具非常短小的毛；触角黑色，端部5节稍粗，基部几节浅色；腹面黑色，仅腹部两侧浅色；鞘翅具黑斑，中缝具断续的黑斑，外侧具2列黑斑，第2、4行显著隆起。

寄主与习性：取食蒿类、甜菜等植物。

淡胸藜龟甲 *Cassida pallidicollis* Boheman　叶甲科 Chrysomelidae

形态特征：成虫体长5.1~6.9 mm，体背不光亮，具皮纹和极短细毛；小盾片及前胸背板淡褐色；鞘翅黑色或棕色，基部较前胸宽，表面凹凸不平，近缝处具明显的纵向隆脊，并有1个明显的横脊，两鞘翅合起来略呈"H"形。

寄主与习性：取食藜等植物。

中华萝藦叶甲 *Chrysochus chinensis* Baly

叶甲科 Chrysomelidae

形态特征：成虫体长7.1~13.6 mm，体色多变，有蓝紫色、蓝色和蓝绿色等；触角黑色，端部5节无光泽；复眼内侧具1条浅狭沟；鞘翅基部1/4处有1个明显横沟；爪呈双齿型，1大1小。

寄主与习性：取食刺儿菜、萝藦科、茄科等植物。

光背锯角叶甲 *Clytra laeviuscula* Ratzeburg

叶甲科 Chrysomelidae

形态特征：成虫体长7.4~11.6 mm，体漆黑色；触角第2、3节常呈暗红色；前胸背板除两侧及后缘具小刻点外，整个区域光滑无刻点；鞘翅黄棕色至橙红色，肩胛处具较小黑斑，中部稍后具较大的横向黑斑。

寄主与习性：取食柳、杨、榆等林木。

胡枝子克萤叶甲 *Cneorane violaceipennis* Allard

叶甲科 Chrysomelidae

形态特征： 成虫体长5.6~8.5 mm，体棕红色或棕黄色；触角黑褐色，背面有时颜色较深；后胸腹板及腹部黑褐色，具光泽；鞘翅绿色、蓝色或紫蓝色；小盾片颜色有变，与鞘翅同色，或变淡；足黄褐色。

寄主与习性： 取食胡枝子等植物。

麦颈叶甲 *Colasposoma dauricum* Mannerheim

叶甲科 Chrysomelidae

又名甘薯肖叶甲、甘薯叶甲、甘薯猿叶虫、蓝黑金花虫、甘薯金龟子。

形态特征： 成虫体长4.9~6.1 mm，体短宽，体色变化大，有青铜色、蓝绿色、蓝紫色、蓝黑色、紫铜色等；触角基部6节蓝色或黄色，端部5节黑色；前胸背板宽为长的2倍，前角尖锐，侧缘圆弧形；小盾片近方形；鞘翅隆凸，肩胛高隆，光亮，后方有1个闪蓝光的三角斑，翅面刻点较粗密。

寄主与习性： 取食禾本科植物等。

黑肩隐头叶甲 *Cryptocephalus bipunctatus cautus* Weise　叶甲科 Chrysomelidae

形态特征：成虫体长4.0~7.0 mm，体黑色；触角细长，稍短于体长；前胸背板光滑；鞘翅红色，具成列的刻点，基部、鞘缝及局部侧缘黑色，肩角处具小黑斑。

寄主与习性：取食荆条等植物。

黑跗曲波萤叶甲 *Doryxenoides tibialis* Laboissière　叶甲科 Chrysomelidae

形态特征：成虫体长9.9~12.1 mm，体黄色至黄褐色，头胸部稍深；触角黑色，第1节基大部常浅色；前胸背板宽大于长，侧缘前半部近于平行，后半部明显向后收缩；足腿节端部及以下黑色。

寄主与习性：取食栓皮栎、蒙古栎等林木。

二纹柱萤叶甲 *Gallerucida bifasciata* Motschulsky

叶甲科 Chrysomelidae

形态特征：成虫体长6.9~8.6 mm，体黑色；触角红褐色，锯齿状明显，第2/3节短小；鞘翅黄色至橙红色，具4排黑色斑纹，斑纹或减少或扩大，前后排相连，甚至全黑。

寄主与习性：取食白首乌、荞麦、葎草等植物。

端黑哈萤叶甲 *Haplosomoides ustulatus* Laboissière

叶甲科 Chrysomelidae

形态特征：成虫体长5.0~7.0 mm，头、前胸背板、小盾片、触角第1节、鞘翅、胸部腹面3对足橘红色；头顶光滑无刻点，角后瘤三角形；触角第2节至端部颜色由浅褐色逐渐变为深褐色；前胸背板基缘较圆，两侧缘较直；腹部腹面黄色，除端节外，每节两侧各具1个黑斑；鞘翅端部1/5黑色。

寄主与习性：取食杂草。

金绿沟胫跳甲 *Hemipyxis plagioderoides* (Motschulsky) 叶甲科 Chrysomelidae

形态特征：成虫体长5.5 mm，体蓝黑色至黑色；头顶刻点粗密；触角基部3节褐色；前胸背板宽为长的2.5倍，侧缘向上反卷；鞘翅具金绿色光泽；足胫节外侧呈沟槽状内凹。雄虫腹部末节端缘呈锥状突起。

寄主与习性：取食泡桐、沙参、糙苏、筋骨草、醉鱼草等植物。

葡萄沟顶肖叶甲 *Heteraspis lewisii* (Baly) 叶甲科 Chrysomelidae

形态特征：成虫体长3.1~4.6 mm，体紫铜色或宝蓝色，具强烈金属光泽；复眼内侧和上方具1条斜深沟；触角端部5节稍粗大；足腿节粗壮，无明显的齿。

寄主与习性：取食野葡萄、蛇葡萄、山葡萄、五叶地锦等植物。

甘薯腊龟甲 *Laccoptera quadrimaculata* (Thunberg)　叶甲科 Chrysomelidae

形态特征：成虫体长6.9~10.6 mm，体棕黄色，深浅不一；触角端部5节稍粗，端部黑色；前胸背板中央具1对褐黑色小斑；鞘翅上具黑斑，大致上呈“）（”形，并在近小盾片处、近翅端和翅端具明显的黑斑。

寄主与习性：取食番薯、牵牛、蒿等植物。

蓝负泥虫 *Lema concinnipennis* Baly　叶甲科 Chrysomelidae

形态特征：成虫体长4.2~6.1 mm，体蓝黑色，具金属光泽；触角黑色，末端色淡；前胸背板中央散布刻点，粗细疏密不一；腹部末3节黄棕色或黄色。

寄主与习性：取食鸭跖草、菊属、蓟、刺儿菜等植物。

鸭跖草负泥虫 *Lema diversa* Baly　　叶甲科 Chrysomelidae

形态特征： 成虫体长4.7~6.1 mm，头顶和体背黄褐色至红褐色；头、触角、足及腹面黑色；头顶稍隆，中央具1个纵沟；前胸背板中央光滑，无明显粗刻点。

寄主与习性： 取食黄精、鸭跖草、竹叶草、菊属等植物。

红颈负泥虫 *Lilioceris ruficollis* (Baly)　　叶甲科 Chrysomelidae

形态特征： 成虫体长6.4~8.6 mm，体紫黑色；头基部、前胸橙红色；触角约为体长的一半；前胸背板长大于宽，两侧在中部收窄，近基部具浅横凹；小盾片舌形，表面光滑；鞘翅具10行刻点，具有5~7行刻点组成的小盾片刻点行。

寄主与习性： 取食蒿类、薯蓣属植物。

绿翅隶萤叶甲 *Liroetis aeneipennis* Weise

叶甲科 Chrysomelidae

形态特征：成虫体长7.0~9.0 mm，头部、前胸背板、小盾片、腹面和足橘红色；触角第1节黄褐色，以后各节褐色至深褐色，长不达鞘翅中部；前胸背板两侧圆弧，盘区隆起，具极细刻点；小盾片三角形；鞘翅绿色具蓝色闪光，肩甲突出；前足基节窝开放，爪附齿式。

寄主与习性：取食柳属等植物。

葱黄寡毛跳甲 *Luperomorpha suturalis* Chen

叶甲科 Chrysomelidae

形态特征：成虫体长3.4~4.7 mm，体长椭圆形；头黑色，前胸背板浅褐色；鞘翅颜色有变，多数为浅褐色，少数鞘翅为黑褐色或黑色；足褐色，后足腿节黑褐色。

寄主与习性：幼虫取食韭、葱等植物根部。

黄胸寡毛跳甲 *Luperomorpha xanthodera* (Fairmaire)　叶甲科 Chrysomelidae

形态特征：成虫体长4.0~5.0 mm，体黑色；前胸橙黑色，触角基部第2~3节、前足色稍浅；额间稍隆起；前胸背板前角外突，近直角形，具明显的大毛孔，后角弧形；鞘翅后半部散生稀疏毛，具细而疏的刻点，侧缘具褶边，翅端内侧大部分无褶边。

寄主与习性：取食蔷薇科植物。

双斑长跗萤叶甲 *Monolepta signata* (Olivier)　叶甲科 Chrysomelidae

形态特征：成虫体长3.6~4.5 mm，体棕黄色；触角黑色，基部1~3节黄褐色；中后胸黑色；腹部淡棕黄色；每鞘翅基半部具1个近于圆形的黄白色斑，近鞘翅处的黑斑可向端部延伸；足黄褐色，胫节端不及跗节。

寄主与习性：取食杨、柳、豆科、十字花科等植物。

十星瓢萤叶甲 *Oides decempunctata* (Billberg)　叶甲科 Chrysomelidae

形态特征：成虫体长8.9~14.1 mm，体黄褐色，卵形，外形似瓢虫；触角末端3节黑褐色；鞘翅周缘略透明，每鞘翅具5个黑斑；足橙红色。

寄主与习性：取食葡萄、五叶地锦等植物。

黄栌直缘跳甲 *Ophrida xanthospilota* (Baly)　叶甲科 Chrysomelidae

又名黄栌胫跳甲、黄点直缘跳甲或黄斑直缘跳甲。

形态特征：成虫体长6.5~7.2 mm，体宽卵形，黄棕色至红棕色；触角黄棕色，端部第1~3节黑色，第8节端部呈黑褐色；鞘翅具众多小白斑，位于刻点之间。

寄主与习性：取食黄栌叶片。

黄臀短柱叶甲 *Pachybrachis ochropygus* Solsky

叶甲科 Chrysomelidae

形态特征：成虫体长3.0~5.0 mm，体背淡黄色，具黑色斑纹；前胸背板具5个黑斑，常连成“M”形；腹面黑色，臀斑顶端、腹部末节顶端具黄斑；足棕色，腿节顶端具黄色斑。

寄主与习性：取食柳树、胡枝子等植物。

核桃凹翅萤叶甲 *Paleosepharia posticata* Chen

叶甲科 Chrysomelidae

形态特征：成虫体长3.9~4.6 mm，体淡黄褐色；触角第2~11节、后胸腹板、鞘翅基部、侧缘、中缝及端部、胫节端部褐色至黑褐色，跗节黑色至黑褐色；足棕黄色。

寄主与习性：取食核桃树、核桃楸等林木。

棕翅粗角跳甲 *Phygasia fulvipennis* (Baly)

叶甲科 Chrysomelidae

形态特征：成虫体长4.8~5.7 mm，体长卵形，头胸部、足、触角黑色，鞘翅和腹部棕黄色至红棕色；触角可伸达鞘翅基部1/3处，第1节粗大，棒形，基部细，端部粗，第2节圆球形，第3节长约为第2节的2倍，第4节约与第5、6节等长，均短于第3节；前胸背板基部前横凹两端呈凹窝状，前后角相当突出；小盾片末端宽圆，无刻点；鞘翅具粗密且深的刻点。

寄主与习性：取食桑树、萝藦等植物。

榆绿毛萤叶甲 *Pyrrhalta aenescens* (Fairmaire)

叶甲科 Chrysomelidae

又名榆蓝叶甲、榆绿金花虫、榆蓝金花虫、榆叶甲。

形态特征：成虫体长6.9~8.6 mm，体近长方形，黄褐色；头部小，头顶具1个钝三角形黑斑；复眼大，黑色，呈半球形；触角第1节最长，较粗；鞘翅绿色，具金属光泽，密被柔毛及刺突，宽于前胸背板，后半部稍膨大；腿节较粗。雄虫腹面末端中央呈半圆形凹入，雌虫腹面末端中央呈马蹄形凹入。

寄主与习性：取食榆树。

榆黄毛莹叶甲 *Pyrrhalta maculicollis* (Motschulsky)　叶甲科 Chrysomelidae

又名榆黄叶甲。

形态特征：成虫体长5.9~7.1 mm，体光亮；头、前胸和腹部橙黄色至橙红色；鞘翅、中胸、后胸腹板、侧板及各足均为黑色；触角烟熏色，基部2节或端部数节有时色泽较淡。

寄主与习性：取食榆树。

杨柳光叶甲 *Smaragdina aurita hammarstraemi* (Jacobson)　叶甲科 Chrysomelidae

形态特征：成虫体长4.0~5.0 mm，体蓝色；触角基部4节棕色；前胸背板横长，宽约为长的3倍，两侧红棕色，中部黑色；足黄褐色，跗节端部2节褐色。雌虫腹部末节中央具小圆窝。

寄主与习性：取食杨、柳、桦等植物。

黄腹细颈象 *Cycnotrachelodes cyanopterus* (Motschulsky) 卷叶象科 Attelabidae

形态特征：成虫体长4.8~5.6 mm，体光亮，蓝黑色；腹部黄色；雄虫头稍长，有颈区，头基部与颈区相接；前胸背板两侧近直，中部近基部隆起；鞘翅行纹细，刻点小，端半部刻点更细小。

寄主与习性：取食刺槐、杭子梢等植物。

中国切卷象 *Euops chinensis* Voss 卷叶象科 Attelabidae

形态特征：成虫体长3.4~4.3 mm，具绿色光泽；头短，垂直向下，头顶中间密布小凹刻，具细皱纹；触角着生于喙基部，其间隆凸，柄节短粗；前胸背板深蓝绿色，具2条暗色带，前胸宽圆，后缘宽于前缘，中部最宽，近后缘处稍缢缩；鞘翅蓝色或紫色。

寄主与习性：取食杂草类植物。

圆斑象 *Paroplapoderus semiannulatus* Jekel

卷叶象科 Attelabidae

形态特征：成虫体长5.0~6.0 mm，体红褐色至黄褐色，散布圆形黑斑；头短，圆形，基部缢缩，无颈区，宽略大于长或与长相等；触角着生于喙基部的瘤突两侧；前胸背板两侧各有1个圆形黑斑；小盾片扁宽；雄虫前足胫节较细长，雌虫胫节较短。

寄主与习性：取食栓皮栎、松树、杂草等植物。

朴圆斑卷象 *Paroplapoderus turbidus* Voss

卷叶象科 Attelabidae

形态特征：成虫体长6.0~7.0 mm，体黄褐色至红褐色，具黑斑；前胸背板具6个黑斑，其中两侧的斑较大；小盾片黑色；每鞘翅具7个黑斑，斑纹或扩大，或相连，中部近鞘缝处具1个大瘤突；中后足腿节近端部具黑斑。

寄主与习性：取食朴树、小灌木等植物。

榆锐卷象 *Tomapoderus ruficollis* (Fabricius)　卷叶象科 Attelabidae

形态特征：成虫体长5.5~7.7 mm，体黄色至橘黄色；头顶、复眼后具黑斑；触角除基节外其余褐色；前胸背板长大于宽，钟罩形；鞘翅青蓝色，具金属光泽；足棕黄色。

寄主与习性：取食榆树、榉树等林木。

山杨卷叶象 *Byctiscus populi* (Linnaeus)　虎象科 Rhynchitidae

形态特征：成虫体长3.9~5.6 mm，体蓝色、绿色或铜绿色，具金属光泽，腹面及足蓝紫色至黑色；头和腹面具众多横褶纹，头顶基部具3条横褶；触角具稀疏毛；前胸背板具细密刻点；鞘翅具粗大刻点，排列稍不整齐，翅端无毛。

寄主与习性：取食杨属、椴属、杂草等植物。

橡实剪枝象 *Cyllorhynchites ursulus* (Roelofs)

虎象科 Rhynchitidae

又名剪枝栎尖象。

形态特征：成虫体长6.4~8.9 mm，体黑褐色，密被灰黄色毛；雄虫触角着生于喙端部的2/5处，雌虫触角着生于中部；前胸背板长宽相近，雄虫两侧近前部具尖刺；鞘翅具10行刻点沟，被毛行纹不明显。

寄主与习性：取食栓皮栎、蒙古栎。

枫树卷叶象 *Paradeporaus depressus* (Faust)

虎象科 Rhynchitidae

形态特征：成虫体长3.0~4.0 mm，体稍扁平，黑色；鞘翅稍具蓝色光泽，向后稍扩大，具绒毛和刻点列；前胸背板宽大于长，前后缘收缩明显。

寄主与习性：取食元宝枫、蒙古栎等林木。

北京枝瘿象 *Coccotorus beijinggensis* Lin et Li　象甲科 Curculionidae

形态特征：成虫体长5.7~6.7 mm，体红褐色至黑褐色，密布灰白色或黄褐色长毛；头具较长的喙；前胸背板、小盾片及鞘翅近鞘缘处具不规则黑斑；鞘翅细长，长约为宽的2倍。

寄主与习性：取食小叶朴。

麻栎象 *Curculio robustus* (Roelofs)　象甲科 Curculionidae

形态特征：成虫体长5.7~9.6 mm，体黑褐色，具淡黄色鳞片，常在鞘翅中部后形成1个黄白色密集带；触角第3节长于第2节，雄虫触角着生在喙中部之前，雌虫着生在喙中部之后。

寄主与习性：幼虫蛀食栓皮栎的种实，成虫取食栓皮栎、杂草等植物。

短带长毛象 *Enaptorrhinus convexiusculus* Heller　　象甲科 Curculionidae

形态特征：成虫体长8.2~9.6 mm，体黑色，被玫瑰色卵形鳞毛，在前胸背板中央呈纵条，鳞毛散布在鞘翅上，在鞘翅近端呈“V”形白纹；雄虫鞘翅基部平，端部半拱起，具长毛。

寄主与习性：取食山桃、辽东栎、大叶白蜡、山楂、杏、核桃楸、榆等林木。

臭椿沟眶象 *Eucryptorrhynchus brandti* (Harold)　　象甲科 Curculionidae

形态特征：成虫体长8.9~11.6 mm，体黑色；前胸背板、鞘翅肩角及翅端的1/4~1/3处密被白色鳞片，散布少数赭色和白色鳞片。

寄主与习性：取食臭椿等林木。

沟眶象 *Eucryptorrhynchus scrobiculatus* (Motschulsky) 象甲科 Curculionidae

形态特征：成虫体长14.9~18.6 mm，体黑色，体背散布灰白色鳞片；前胸、鞘翅基部及端部具大片的白色和黄褐色鳞片，鞘翅上的刻点粗大，行纹宽；足腿节内侧具1个齿。

寄主与习性：取食臭椿等林木。

北京三纹象 *Lagenolobus sieversi* Faust 象甲科 Curculionidae

形态特征：成虫体长4.4~5.1 mm，体卵形，黑色光亮，高度拱起，具黄色荧光鳞片；喙散布小而皱的刻点，长略大于喙基部宽，向端部略缩窄；小盾片小，略呈方形；腹部的大部分和足散布灰色发黄的毛；鞘翅卵形，基部有边；腿节粗，有齿。

寄主与习性：取食蓼科杂草等植物。

黑龙江筒喙象 *Lixus amurensis* Faust

象甲科 Curculionidae

形态特征：成虫体长9.0~13.0 mm，体黑色，被灰色毛；触角暗褐色，细长；前胸宽大于长，基部最宽，向前逐渐缩窄，呈圆锥形；腹部具不明显的黑点，雌虫腹部前2节稍隆起；鞘翅隆起两侧近于平行，基部刻点稍深，两侧及后端刻点稍浅，端部开裂，具1个尖锐突；足长，中间密被黄毛。

寄主与习性：取食豆科、禾本科等植物。

圆筒筒喙象 *Lixus mandaranus fukienensis* Voss

象甲科 Curculionidae

形态特征：成虫体长8.0~10.0 mm，体圆筒形，黑色，被锈黄色鳞粉，鳞粉丢失后前胸背板及鞘翅上具白色毛斑；前胸背板具深而密的刻点；足黑色。

寄主与习性：取食杨、山楂树等植物。

油菜筒喙象 *Lixus ochraceus* Boheman
象甲科 Curculionidae

形态特征：成虫体长6.6~10.3 mm，体背黑色，体两侧、腹部和足具白毛；头和前胸背板褐色，具不规则刻点；喙短于前胸背板，弯曲度较大；触角位于喙前端1/3处，端部呈膝状；腹部密布黑色刻点；前翅鞘质灰黑色，被灰色短毛；后翅膜质，灰白色。

寄主与习性：取食十字花科植物。

甜菜筒喙象 *Lixus subtilis* Boheman
象甲科 Curculionidae

形态特征：成虫体长8.9~12.1 mm，体黄褐色至黑紫色，被黄色鳞粉；触角和足跗节锈褐色；鞘翅上散布不明显的灰色毛斑，具短而钝的翅端，两翅端部略开裂；前足黄色，中、后足黄褐色。

寄主与习性：取食甜菜、藜、苋菜、地肤等植物。

大灰象 *Sympiezomias velatus* (Chevrolat)

象甲科 Curculionidae

形态特征：成虫体长7.2~12.2 mm，体宽卵形，黑色，密覆灰白色具金黄色光泽的鳞片和褐色鳞片；前胸中间和两侧形成3条褐色纵纹；鞘翅基部中间具长方形斑纹，刻点行间隆起明显，翅端较为突出。

寄主与习性：取食刺槐、紫穗槐、核桃、桑、榆、枣等林木。

微脐小蠹 *Scolytus shikisani* Niisima

小蠹科 Scolytidae

形态特征：成虫体长4.0~5.0 mm，体黑色；触角、胫节和跗节红褐色；鞘翅稍窄于前胸背板，刻点沟中的刻点粗大，明显粗于沟间部分的刻点，基部黑色或红褐色。雄虫头部具长立毛。

寄主与习性：蛀食油松、榆树等林木。

毛翅目

Trichoptera

黑长须长角石蛾 *Mystacides elongatus* Yamamoto et Ross　长角石蛾科 Leptoceridae

又名长肢上突石蛾。

形态特征：成虫体长11.0~13.0 mm，体细长，漆黑色；下颚须黑色，具光泽；触角棕黄色，约为体长的2倍，柄节粗壮，鞭节黄白相间；复眼红色，突出；翅具闪光，在1/2处具1条深横带，翅脉黑色，清晰；足基部黑色，其余白色。

寄主与习性：捕食性或取食藻类。

鳞翅目

Lepidoptera

大黄长角蛾 *Nemophora amurensis* Alphéraky　长角蛾科 Adelidae

形态特征：成虫翅展21.0~26.0 mm，雄虫触角较长，基部紫褐色，端部白色，雌虫触角稍短，与翅约等长；前翅黄色，基部有许多青灰色纵条纹，向外具1条黄色横带，带两侧又具青灰色带光泽横带，翅顶和外缘呈紫褐色；后翅紫褐色，无花纹。

寄主与习性：取食多种植物的花和种子。

冬青卫矛巢蛾 *Yponomeuta griseatus* Moriuti　巢蛾科 Yponomeutidae

又名大叶黄杨巢蛾。

形态特征：成虫体长9.0~10.0 mm，翅展18.0~21.0 mm，体灰白色；复眼黑色；触角丝状；胸部背面具5个小黑点，4个点在中间排成方形，另一个点在其后端；前翅具30多个黑点，纵向排列成数行，外缘呈深褐色边缘，具较长缘毛；后翅也具缘毛。

寄主与习性：取食冬青卫矛、黄杨等植物。

小菜蛾 *Plutella xylostella* (Linnaeus)　菜蛾科 Plutellidae

又名小青虫、扭腰虫、两头尖。

形态特征： 成虫体长6.0~8.0 mm，翅展11.0~18.0 mm，触角丝状，褐色，具白色纹，静止时向前伸；前后翅细长，缘毛很长，前后翅缘均呈黄白色波浪纹，两翅合拢时呈3个接连的菱形斑，前翅缘毛长并翘起。雌虫较雄虫肥大，腹部末端圆筒状；雄虫腹部末端圆锥形。

寄主与习性： 取食十字花科植物。

苹果木蛾 *Odites leucostola* Meyrick　木蛾科 Xyloryctidae

形态特征： 雄虫翅展17.0~18.0 mm，雌虫翅展21.0~23.0 mm，头和胸白色；触角淡褐色，雄虫栉齿状，雌虫丝状；唇须白色，镰刀形，末端尖；腹部褐色；前翅白色，具褐色斑点，翅中央4个斑点较大，彼此对称，分别位于中室的中部和端部；后翅灰褐色；前、中足褐色，具白色斑，后足胫节、跗节白色。

寄主与习性： 取食蔷薇科植物。

桃冠潜蛾 *Coptotriche* sp.

冠潜蛾科 Tischeriidae

形态特征：成虫体长2.0~4.0 mm，翅展6.0~8.0 mm，复眼黑色，球形；触角细长丝状；腹部微黄；体翅银灰色；前翅披针形，翅端尖，翅面上具灰色、黑色鳞片，缘毛灰色，较长；后翅小于前翅，长而尖，具长灰色缘毛；各足跗节呈浓淡相间的花纹状。

寄主与习性：取食蔷薇科植物。

李冠潜蛾 *Tischeria ganuacella* Duponchel

冠潜蛾科 Tischeriidae

形态特征：成虫翅展7.0~9.0 mm，头顶具浓密的鳞片丛，向前伸出呈冠形；颜面鳞片密布呈三角形；触角基部具1束毛丛；翅棕褐色，翅面上具无数白色小斑点，后翅披针形，具长缘毛。

寄主与习性：取食桃、李、杏、樱桃等蔷薇科植物。

蔗扁蛾 *Opogona sacchari* (Bojer)　谷蛾科 Tineidae

形态特征：成虫翅展8.0~17.0 mm，头顶和前额赭白色，后头鳞片土黄色；下唇须内侧赭白色，外侧淡赭黄色；触角赭白色或淡赭黄色，略呈弓形弯曲；胸部和翅基片土黄色或黄褐色；前翅和缘毛灰黄色，散生暗褐色鳞片；后翅和缘毛黄褐色。

寄主与习性：取食杂草类植物。

点缘榆细蛾 *Phyllonorycter* sp.　细蛾科 Gracilariidae

形态特征：成虫体长2.5~3.5 mm，前翅黄褐色，具3条白色横纹，内侧具黑边，第3条横纹中部具1个黑色纵条伸向外缘，缘毛基部具黑点。

寄主与习性：取食榆树。

胡枝子皮细蛾 *Spulerina dissotoma* (Meyrick)　细蛾科 Gracilariidae

形态特征：成虫翅展5.0~7.0 mm，头部白色至棕黄色；下唇须白色；触角柄节白色至黑褐色；胸部和翅基片赭黄色，杂生褐色；前翅赭黄色，散生黑褐色鳞片，前缘近基部具1个白斑，缘毛灰棕色；后翅及缘毛浅灰色至灰棕色；前足基节白色，末端褐色，后足白色，腿节外侧近末端具1个褐色斑。

寄主与习性：取食胡枝子等植物。

四点绢蛾 *Scythris sinensis* (Felder et Rogenhofer)　绢蛾科 Scythrididae

形态特征：成虫翅展10.0~13.0 mm，下唇须短，下垂，末端尖；前翅黑褐色，在基部1/3处和翅顶端各具1个淡黄色圆斑；腹部杏黄色，背面具黑褐色斑纹。

寄主与习性：取食荆条、旋覆花、杂草等植物。

双线织蛾 *Promalactis* sp. 织蛾科 Oecophoridae

形态特征：成虫翅展13.0~16.0 mm，触角白色和褐色相间；唇须向上及头顶后方伸，灰褐色，端节白色，散生黑褐色鳞片；胸部、前翅橙红色或橙黄色，翅中带及外缘红褐色，中带前缘不明显，内侧白纹不达前缘，外侧白纹在中部稍折，外侧具红褐色斑。

寄主与习性：取食蒿类、杂草等植物。

织蛾 *Promalactis* sp. 织蛾科 Oecophoridae

形态特征：成虫翅展12.0~16.0 mm，触角细长，白色和褐色相间；唇须向上及头顶后方伸，棕黄色；胸部、前翅红棕色，翅中带及外缘红褐色，具大黑斑和眼状斑，翅合拢时大黑斑合并成长卵圆形。

寄主与习性：取食蒿类、杂草等植物。

叶三角祝蛾 *Deltoplastis lobigera* Gozmány

祝蛾科 Lecithoceridae

形态特征：成虫翅展13.0~16.0 mm，头部、胸部灰褐色，头顶灰黄色至灰褐色；触角浅草黄色，细锯齿状；下唇须草黄色，末节细针形；前翅草黄色，具丰富的灰褐色鳞片，花纹深棕色，肩斑小，缘毛灰黄褐色；后翅浅灰白色；前足和中足黄白色，后足外侧黑褐色，内侧黄白色，跗节黄白色，被少量灰褐色鳞片。

寄主与习性：腐食性，取食灌木和林中各种植物的枯枝落叶。

黑白尖蛾 *Labdia niphosticta* (Meyrick)

尖蛾科 Cosmopterygidae

形态特征：成虫翅展9.0~12.0 mm，头光滑，头顶黑褐色；颜面和下唇须黄白色；触角黑褐色，柄节端部略膨大；胸部和翅基片黑褐色；前翅黑褐色，缘毛灰褐色；后翅及缘毛灰褐色；足内侧黄白色，外侧黑色，胫节基部、中部、端部和跗节各具1个黄白色环。

寄主与习性：取食野古草、禾本科等植物。

四点迈尖蛾 *Macrobathra nomaea* Meyrick

尖蛾科 Cosmopterygidae

形态特征：成虫翅展10.0~14.0 mm，头浅黄色；触角黑色，柄节背面和腹面分别有1条淡黄色纵条带，鞭节具白色环纹；胸部及翅基部黑褐色，前翅黑褐色，具1条乳白色横带，缘毛深灰色；后翅及缘毛深灰色；足腿节深灰色，胫节外侧黑色，内侧深灰色，跗节黑色，基部、中部和端部各具1个浅黄色环纹。

寄主与习性：取食小灌木、禾本科、唇形科、菊科、蔷薇科等植物。

白缘星尖蛾 *Pancalia isshikii amurella* Gaedike

尖蛾科 Cosmopterygidae

形态特征：成虫翅展10.0~12.0 mm，头、胸鳞毛光滑，紫黑色，具光泽；唇须上曲，伸过头顶；雌虫触角黑色，近端部白色，雄虫触角全黑；前翅黄褐色，基部、前缘及端部紫黑色，翅面具7丛竖鳞，具银色闪光，前缘3丛，后缘4丛，缘毛紫黑色，后角端部灰白色。

寄主与习性：取食蒲公英、旋覆花、委陵菜、枣树等植物。

甘薯麦蛾 *Helcystogramma triannulella* (Herrich-Schäffer) 麦蛾科 Gelechiidae

又名甘薯卷叶虫、甘薯卷叶蛾。

形态特征：成虫体长3.0~9.0 mm，翅展17.0~19.0 mm，体黑褐色；唇须向上弯曲，伸过头顶；触角丝状，约为前翅长的2/3；前翅狭长，黑褐色，中央具2个褐色环纹，翅外缘具1列小黑点；后翅宽，淡灰色，翅外缘具黑色点列，缘毛很长。

寄主与习性：取食牵牛、甘薯等旋花科植物。

核桃举肢蛾 *Atrijuglans hetaohei* Yang 举肢蛾科 Heliodinidae

又名核桃黑、黑核桃。

形态特征：成虫体长5.0~9.0 mm，翅展11.0~15.0 mm，体黑褐色，具光泽；复眼红色；触角丝状，淡褐色；下唇须发达，银白色，向上弯曲，伸过头顶；翅狭长，缘毛很长；前翅端部1/3处具1个半月形白斑，基部1/3处具1个椭圆形小白斑；腹部背面有黑白相间的鳞毛，腹面银白色；足白色，后足很长，胫节和跗节具环状黑色毛刺。

寄主与习性：取食核桃，幼虫蛀入核果。

草莓镰翅小卷蛾 *Ancylis comptana* (Frölich) 卷蛾科 Tortricidae

形态特征：成虫翅展14.0~16.0 mm，头部白色；下唇须灰白色，第3节夹杂灰色，第3节隐藏在第2节的长鳞片中；前翅白褐色，基斑褐色，延伸到后缘中部，但在前缘处形成1条白色宽带，中带褐色，呈箭头形直达顶角下，不达后缘，顶角和缘毛形成镰刀状；后翅及缘毛灰褐色。

寄主与习性：取食百里香、蔷薇科等植物。

草小卷蛾 *Celyphoides flavipalpanus* (Herrich-Schäffer) 卷蛾科 Tortricidae

形态特征：成虫翅展12.0~15.0 mm，唇须向上曲，黄褐色，第2节外侧具褐斑，末节细向前伸；前翅前缘拱起，具浅棕褐色基斑，中带棕褐色，内外缘界线不明显，后缘臀角附近的褐斑与中带连成一块；后翅褐色，缘毛灰白色。

寄主与习性：取食杂草等植物。

异色卷蛾 *Choristoneura diversana* (Hübner)　卷蛾科 Tortricidae

形态特征： 成虫翅展15.0~23.0 mm，头部、胸部具灰褐色鳞毛；前翅银灰褐色或棕褐色，花纹变化大，具深褐色的基斑和端纹，中带明显，上窄下宽，有时中腰间断，网状纹明显；后翅灰褐色，缘毛较长。

寄主与习性： 取食柳、杨、槭、榆、落叶松、丁香、忍冬等林木。

菊花小卷蛾 *Eucosma campoliliana* (Denis et Schiffermüller)　卷蛾科 Tortricidae

形态特征： 成虫翅展13.0~15.0 mm，头部白色；前翅白色，覆有黑色、褐色碎斑，碎斑形成基斑、中带和端纹三部分；后翅灰褐色，无斑；肛上纹明显。

寄主与习性： 取食菊科狗舌草属植物。

逸花小卷蛾 *Eucosma ignotana* (Caradja)

卷蛾科 Tortricidae

形态特征：成虫翅展7.0~20.0 mm，头顶白色夹杂褐色，额白色；触角柄节白色，鞭节浅褐色；下唇须灰褐色夹杂白色；胸部及翅基片灰色；前翅长三角形，灰白色，前缘端半部具5对灰色钩状纹，基半部钩状纹不明显，翅面具2条褐带，缘毛灰褐色；后翅及缘毛灰色；前足浅褐色，中、后足灰色，跗节具褐色鳞片。

寄主与习性：取食杂草等植物。

麻小食心虫 *Grapholita delineana* (Walker)

卷蛾科 Tortricidae

形态特征：成虫翅展11.0~15.0 mm，头部、胸部灰褐色，鳞毛粗糙；下唇须灰白色，向上弯曲，第2节长；触角具灰褐色相间的环状毛；前翅茶褐色或灰褐色，前缘具9~10个黄白色钩状纹，顶角的钩状纹呈新月形，后缘中部具4条黄白色或灰白色的平行弧状纹，纹的边缘呈深褐色；后翅黑褐色，缘毛灰褐色。

寄主与习性：取食葎草等植物。

梨小食心虫 *Grapholita molesta* (Busck)

卷蛾科 Tortricidae

又名梨小蛀果蛾、东方果蠹蛾、梨姬食心虫、桃折梢虫、小食心虫。

形态特征：成虫翅展10.0~16.0 mm，体灰褐色，无光泽；头部具灰褐色鳞片；下唇须向上弯曲；前翅具白色鳞片，中室外缘有1个黑斑点；后翅暗褐色，基部较淡，缘毛黄褐色。

寄主与习性：幼虫蛀食桃、李、杏、樱桃、苹果等林木的嫩梢或梨、苹果、桃、李、杏、山楂等果实。

杨柳小卷蛾 *Gypsonoma minutana* (Hübner)

卷蛾科 Tortricidae

形态特征：成虫翅展12.0~14.0 mm，下唇须前伸，略向上举，末节短，末端钝；前翅狭长，斑纹由淡棕色到深褐色，基斑与中带间呈白色，前翅前缘具明显的钩状纹，顶角略凸出，外缘顶角下有凹陷；后翅灰褐色，缘毛灰色。

寄主与习性：取食海棠、杨柳科等植物。

银实小卷蛾 *Retinia coeruleostriana* (Caradja)　卷蛾科 Tortricidae

形态特征： 成虫翅展13.0~15.0 mm，头部、触角及下唇须灰褐色；下唇须前伸，内侧灰白色，第2节末端膨大，第3节短小，略向下弯曲；前翅基部灰黄色，端部锈褐色，具6条银灰色横带，各条横带的形状不一；后翅及足灰褐色。

寄主与习性： 取食杂草等植物。

筒小卷蛾 *Rhopalovalva grapholitana* (Caradja)　卷蛾科 Tortricidae

形态特征： 成虫翅展12.0~14.0 mm，头顶和下唇须棕色，触角褐色；下唇须第2节具长鳞毛，末节小，匿于第2节长鳞毛；前翅银白色，具橘黄色和褐色斑，基斑占翅基的1/4，中带从前缘1/2斜向后缘，上窄下宽，前缘具一系列白色、橘黄色、褐色组成的钩状纹；后翅灰褐色；足灰白色，具褐色斑。

寄主与习性： 取食豆科等植物。

白缘前舞蛾 *Prochoreutis sehestediana* (Fabricius)　舞蛾科 Choreutidae

形态特征：成虫翅展10.0~15.0 mm，头胸部灰褐色，散布白色和金色鳞片；触角黑色，每节背面具白色斑；前翅灰褐色至黑褐色，散生金色鳞片，翅中部具大片散生白鳞，翅外缘具3条白斑，缘毛白色，中部具浅褐色带。

寄主与习性：取食黄芩等植物。

甘薯异羽蛾 *Emmelina monodactyla* (Linnaeus)　羽蛾科 Pterophoridae

形态特征：成虫翅展17.0~29.0 mm；前翅分为2支，具2个黑褐色斑：一个位于中室的中央偏基部，另一个位于2支分叉处；后翅分为3支；腹部前端具近三角形白斑，背线白线，两侧灰褐色，各节后缘具棕色斑。

寄主与习性：取食甘薯、旋覆花等植物。

并脉歧角螟 *Endotricha consocia* (Butler)　　螟蛾科 Pyralidae

形态特征：成虫翅展17.0~21.0 mm，额和头顶灰褐色；下唇须内侧黄白色；触角淡褐色；胸部和翅基片灰褐色；前翅前缘黑色，具1列白点，外缘线黑色，缘毛基部1/2深褐色，端部1/2黄白色；后翅红褐色，散布黑色鳞片，内横线和外横线白色，内斜，外缘线黑色，后缘缘毛黄白色，其余缘毛同前翅；腹部黄褐色。

寄主与习性：不详。

黄带歧角螟 *Endotricha mesenterialis* (Walker)　　螟蛾科 Pyralidae

形态特征：成虫翅展18.0~21.0 mm，头、下唇须、触角、胸部及腹部背面灰褐色；前翅前缘具1列黑点，基域紫褐色，中域淡黄色，外域紫红色，亚外缘线白色、波状，外侧具暗褐色边和1排黑点，缘毛紫红色，末端白色；后翅紫褐色，中央白色，外横线暗褐色、波状，外缘紫红褐色，具1排黑点，缘毛紫红色，端部白色。

寄主与习性：不详。

榄绿歧角螟 *Endotricha olivacealis* (Bremer)　螟蛾科 Pyralidae

形态特征：成虫翅展17.0~23.0 mm，头顶淡黄色；额褐色；下唇须外侧红褐色，内侧淡黄色；触角红褐色；胸部橄榄黄色；前翅基域及其外缘红褐色，掺杂黑色鳞片，中域及其内缘橄榄黄色，散布红色鳞片，顶角及臀角缘毛黄色，其余红褐色；后翅基域和外域红褐色，缘毛黄色；腹部黄褐色，末端有黄色毛丛；足黄褐色。

寄主与习性：不详。

玫歧角螟 *Endotricha portialis* Walker　螟蛾科 Pyralidae

形态特征：成虫翅展15.0~21.0 mm，头黄褐色；下唇须赤褐色；触角淡褐色，雄虫触角基节后方具1个突起；胸、腹部背面褐色；前翅紫红色，中部前缘具1列白色刻点，外缘具1排黑点；后翅紫红色，内横线白色、波状，外横线白色，具黑色镶边，缘毛黄色。

寄主与习性：取食胡枝子等植物。

荚斑螟 *Etiella* sp. 螟蛾科 Pyralidae

形态特征：成虫翅展15.0~23.0 mm，头顶黄褐色；触角柄节褐色，长约为宽的3倍；雄虫下唇须第2节内侧白色，雌虫下唇须灰白色；前翅黄褐色，前缘中部至顶角具1条黑褐色纵条带；后翅淡灰褐色，外缘和顶角褐色，缘毛基部灰褐色，端部灰白色；腹部各节基部黑褐色，端部黄色；足暗褐色，中足胫节外侧具白色鳞毛。

寄主与习性：不详。

黑褐双纹螟 *Herculia japonica* Warren 螟蛾科 Pyralidae

形态特征：成虫翅展19.0~25.0 mm，头部深褐色；下唇须向上斜伸；触角淡黄褐色；胸、腹部背面深褐色，腹面淡褐色；双翅黑褐色，具2条黄色横线，前缘具1列黑白相间的刻点，内、外横线淡黄色，呈“<”形弯曲，中室端具1个暗褐色斑；后翅褐色，内、外横线淡黄色，呈半圆形弯曲。

寄主与习性：不详。

红云翅斑螟 *Oncocera semirubella* (Scopoli)　　螟蛾科 Pyralidae

形态特征：成虫翅展18.0~32.0 mm，头顶被朱红色或淡黄色隆起鳞毛；下唇须弯曲上举，明显超过头顶，内侧淡黄色，外侧褐色；触角淡黄褐色，两触角间、后头、胸部淡黄色；前翅前缘白色，后缘黄色，中部桃红色，内、外横线均消失，缘毛红色；后翅茶褐色，无斑，缘毛灰白色，缘线黄褐色。

寄主与习性：取食紫花苜蓿、百脉根、白苜蓿。

紫斑谷螟 *Pyralis farinalis* Linnaeus　　螟蛾科 Pyralidae

形态特征：雌虫体长15.0~24.0 mm，翅展23.0~26.0 mm，雄虫较小；复眼黑褐色，具灰白色网纹；下唇须发达；前翅宽大呈三角形，基部及外缘赤褐色，中部黄褐色，前缘具1列白色刻点，内横线及外横线白色锯齿状弯曲，中室端具1个暗色斑纹；后翅暗褐色，内横线及外横线白色波纹状，中室端具1个暗色纹，双翅缘毛白色。

寄主与习性：取食禾本科植物。

元参棘趾野螟 *Anania verbascalis* (Denis et Schiffermüller)　草螟科 Crambidae

形态特征：成虫翅展19.0~22.0 mm，体褐黄色；下唇须鲜褐黄色；腹部具淡褐黄环；前翅沿前缘充满黄色，具弯凸深褐色内横线，中室内具1个深褐色斑，中室外侧具1条深褐色带，外横线位于其外侧，缘毛暗褐色；后翅沿翅基深暗褐色，具1条不明显的亚缘线，沿翅外缘红褐色并有1条深褐色缘线，缘毛浅褐色。

寄主与习性：取食菊类、元参等植物。

黄翅缀叶野螟 *Botyodes diniasalis* (Walker)　草螟科 Crambidae

又名杨黄卷叶螟。

形态特征：成虫翅展29.0~31.0 mm，体黄色；头部褐色，两侧具白条；触角淡褐色；胸、腹部背面淡黄褐色；翅黄色，前后翅缘毛基部具暗褐色线，前翅亚基线不明显，内横线穿过中室，中室中央具1个小斑点，斑点下侧有1条斜线伸向翅内缘，中室端脉具1个暗褐色肾形斑和1条白色新月形纹；后翅具1个暗色中室端斑，有外横线和亚缘线。

寄主与习性：取食杨、柳等林木。

岷山目草螟 *Catoptria mienshani* Bleszyński　草螟科 Crambidae

形态特征：成虫翅展18.0~21.0 mm，额和头顶乳白色，胸部乳白色；翅基片淡黄色，前翅黄褐色，具2个纵条斑纹，内缘白斑近三角形，外侧白斑呈不规则四边形，2个白斑周围密被黄褐色至黑色鳞片，亚外缘线白色，顶角具1个白色点，外缘具黑斑点，缘毛褐色；后翅灰色，缘毛灰白色；足白色。

寄主与习性：取食菊科等植物。

桃蛀螟 *Conogethes punctiferalis* (Guenée)　草螟科 Crambidae

又名桃蛀野螟、桃斑螟、桃蛀心虫。

形态特征：成虫体长11.0~13.0 mm，翅展22.0~26.0 mm，体黄色至橙黄色；体和翅表面具许多豹纹状黑色斑点：胸背具7个；腹背第1节、第3~6节各具3个横列，第7节有时只有1个，第2、8节无黑点；前翅25~28个；后翅15~16个。雄成虫第9节末端黑色，雌成虫不明显。

寄主与习性：幼虫蛀食桃树、板栗树、苹果树等多种植物的小枝，也会蛀食苹果等果实。

指状细突野螟 *Ecpyrrhorrhoe digitallformis* Zhang, Li et Wang　草螟科 Crambidae

形态特征：成虫翅展25.0~28.0 mm，下唇须上部黄色，下部白色；下颚须黄色，端部浅黄色；额黄色，两侧具白色纵条；触角基部具白色鳞片；翅基片和胸部黄色；前后翅黄色，翅面斑纹黄褐色，后翅后中线自前缘2/3处达臀角处，缘毛黄色、浅黄色；足乳白色，前足基节、腿节以及中足胫节外侧橘黄色，前足胫节具橘黄色宽环。

寄主与习性：不详。

四斑绢野螟 *Glyphodes quadrimaculalis* (Bremer et Grey)　草螟科 Crambidae

又名四斑绢螟。

形态特征：成虫翅展32.0~38.0 mm，头顶黑褐色；触角丝状，棕黄色至棕色，背面被银灰色鳞片；下唇须弯曲上举，腹面白色，其余黑褐色；胸部背面黑褐色，腹面白色；腹部背面黑褐色，腹面及侧面白色；前翅黑色，具4个白斑，最外侧白斑下侧沿翅外缘有1列小白斑，缘毛灰褐色，臀角处白色；后翅白色，半透明，外缘具1个黑色宽带，缘毛灰褐色，近臀角处白色，缘毛白色。

寄主与习性：取食黄杨、萝藦、隔山消等植物。

菜螟 *Hellula undalis* (Fabricius)　草螟科 Crambidae

形态特征：成虫翅展15.0~21.0 mm，前翅黄褐色，密被褐色鳞片，亚基线锯齿状，内横线波纹状弯曲，具暗褐色镶边，中室端具1个黑色肾形斑纹，外横线淡黄色，近中部向外弧形突出，翅顶角具1个暗褐色斑纹。

寄主与习性：取食十字花科植物。

黑斑蚀叶野螟 *Lamprosema sibirialis* Millière　草螟科 Crambidae

形态特征：成虫翅展17.0~23.0 mm，额淡黄色；下唇须腹面淡黄色，背面深褐色，第3节细长；胸部背面淡褐色，具深褐色斑纹；前翅黑褐色，翅基部具黄色斜条纹，前中线黄色，半圆形弯曲，中室圆斑黄色点状，两侧具淡黄色方形斑纹；后翅黑褐色，翅基淡黄色，中室端有1个黑斑，黑斑外侧有1个大型黄色斑，前后翅缘毛褐色，臀角处淡黄色；腹部背面深褐色，各节前缘白色。

寄主与习性：不详。

网锥额野螟 *Loxostege sticticalis* (Linnaeus)　草螟科 Crambidae

又名黄绿条螟、甜菜网螟、草地螟。

形态特征：成虫翅展24.0~27.0 mm，额黑褐色；头顶浅褐色；下唇须腹面白色，背面褐色；下颚须和触角黑褐色；胸部背面褐色，腹面污白色；前翅棕褐色夹杂着污白色鳞片，外缘线和缘毛黑褐色；后翅褐色，后中线黑褐色，外缘线黑褐色，缘毛从基部依次为黑褐色带、浅黄色线、浅褐色宽带和污白色带；前、中足褐色，后足浅黄色；腹部背面褐色。

寄主与习性：取食苜蓿、藜、苋、菊科等植物。

尖锥额野螟 *Loxostege verticalis* Linnaeus　草螟科 Crambidae

形态特征：成虫翅展26.0~28.0 mm，体淡黄色；头、胸及腹部具褐色鳞片；下唇须下侧白色；前翅各脉纹黑色，内横线黑褐色，向外倾斜波纹状弯曲，亚外缘线细锯齿状，翅前缘及外缘黑色；后翅外横线黑色，亚外缘线波纹状弯曲，外缘线黑色，翅腹面脉纹及斑纹黑色。

寄主与习性：取食苜蓿、十字花科等植物。

麦牧野螟 *Nomophila noctuella* (Denis et Schiffermüller) 草螟科 Crambidae

形态特征：成虫翅展22.0~33.0 mm，体灰褐色；下唇须下侧白色；腹部两侧具白色成对条纹；前翅中室基部下半部具1个黑色斑纹，中室中央与中室下方各具1个边缘深色的褐色圆斑及1个肾形圆斑，外横线、亚外缘线和外缘线锯齿状，缘毛具1条深色线；后翅颜色较浅，缘毛末端白色，翅顶部分色泽略深。

寄主与习性：取食柳树、苜蓿等植物。

黄纹水螟 *Nymphula fengwhanalis* (Pryer) 草螟科 Crambidae

形态特征：成虫翅展20.0~25.0 mm，头部白色；触角黄褐色；下唇须橙黄色，向上弯曲；胸部黄色略发白；腹部白色；前翅淡黄色，基部具白色带，中室与中室端均有白色点，中横线白色，两侧具褐色边，外缘线黑褐色，缘毛淡灰褐色；后翅淡黄色，内横线褐色，缘毛白色。

寄主与习性：取食鸭舌草、禾本科等植物。

豆褐啮叶野螟 *Omiodes indicata* (Fabricius)

草螟科 Crambidae

形态特征：成虫翅展18.0~21.0 mm，体翅橘黄色；前翅中室圆斑黑褐色，端斑弯月形，外线黑褐色，在中部内折，后半段与中室端斑处于同一位置。

寄主与习性：取食豆科植物。

亚洲玉米螟 *Ostrinia furnacalis* (Guenée)

草螟科 Crambidae

形态特征：雄虫体长10.0~14.0 mm，翅展18.0~30.0 mm，体背黄褐色；腹末较瘦尖；触角丝状，灰褐色；前翅黄褐色，具2条褐色波状横纹，两纹之间具2条黄褐色短纹；后翅灰褐色。雌虫形态与雄虫相似，颜色较浅；前翅鲜黄色，线纹浅褐色；后翅淡黄褐色，缘毛浅黄色至浅褐色；腹部黄色，较肥胖；足乳白色。

寄主与习性：取食桑科、菊科、禾本科、豆科、茄科等植物。

黑环尖须野螟 *Pagyda salvalis* Walker　草螟科 Crambidae

形态特征：成虫翅展22.0~27.0 mm，头部橘黄色；胸部灰色带橘黄色条纹；翅灰色，前翅前缘橘黄色，外侧具斜伸橘黄色亚基线，略横的内横线及中线均自前缘黑斑伸出，双翅均有暗色细缘线，缘毛基部橘色，末端灰色；后翅后中线黑色，与外缘近平行。

寄主与习性：不详。

烟翅野螟 *Pyrausta fuliginata* Yamanaka　草螟科 Crambidae

形态特征：成虫翅展17.0~20.0 mm，头顶黄色；额黄褐色；胸部背面褐色；腹部黑褐色，各节背面后缘白色；翅黑褐色，前翅前中线黑色出自前缘1/4处，达后缘1/3处，中室端脉斑新月形，黑色，后中线黑色，出自前缘3/4处；后翅后中线黑色，与外缘近平行，前、后翅的缘毛基半部黑色，端半部污白色。

寄主与习性：不详。

黄翅双突野螟 *Sitochroa umbrosalis* (Warren)　草螟科 Crambidae

形态特征：成虫翅展21.0~25.0 mm，体黄色；有时后翅顶角、臀角或整个后翅褐色，翅面无斑纹；前、中足略带褐色。

寄主与习性：不详。

甜菜白带野螟 *Spoladea recurvalis* (Fabricius)　草螟科 Crambidae

又名甜菜叶螟、白带螟蛾、青布袋、甜菜螟。

形态特征：成虫翅展23.0~27.0 mm，体棕褐色；头部白色；触角黑褐色；额具黑色斑；下唇须黑褐色向上弯曲；胸部背面黑褐色；腹部环节白色；翅暗棕褐色，前翅中室具1条斜波纹状的黑缘宽白带，外缘具1排白色斑点；后翅也有1条黑缘白带，缘毛白色与黑褐色相间，双翅展开时，白带相接呈“倒八”字形。

寄主与习性：取食藜、甜菜、禾本科等植物。

柞树叶斑蛾 *Illiberis sinensis* Walker

斑蛾科 Zygaenidae

又名柞星毛虫、柞树斑蛾、柞斑蛾。

形态特征：成虫翅展22.0~24.0 mm，体黑色，具绿色光泽；触角栉齿状，雌虫稍短，具蓝绿色闪光；翅透明，边缘黑色，后翅前缘色泽更深。

寄主与习性：取食栓皮栎、蒙古栎等栎属植物。

葡萄叶斑蛾 *Illiberis tenuis* (Butler)

斑蛾科 Zygaenidae

又名葡萄毛虫、葡萄星毛虫、葡萄斑蛾。

形态特征：成虫体长9.0~11.0 mm，翅展26.0~28.0 mm，体及翅黑色；翅半透明，略带蓝色光泽，翅脉及翅边缘黑色，前翅底色具蓝色光泽；后翅前缘暗黑。雄成虫触角呈双栉齿状，雌成虫触角栉齿状，着生刚毛。

寄主与习性：取食葡萄。

尖尾网蛾 *Thyris fenestrella* (Scopli)　网蛾科 Thyrididae

形态特征：雄虫体长7.0~9.0 mm，雌虫体长6.0~7.0 mm，体棕褐色；头黑色，被金黄色毛；下唇须第1节白色，第23节黄色，端部黑色；雄虫触角单栉形，雌虫触角丝状；胸部背面两侧具纵线状的黄色鳞毛；腹部第4节和第8节前缘具白色毛环；翅深棕色，间有橙黄色，前翅具2个透明斑点；后翅具3个连在一起的透明斑点。

寄主与习性：取食伞形花科植物。

榆凤蛾 *Papilio bianor* Cramer　凤蛾科 Epicopeiidae

又名燕凤蛾、榆长尾蛾、榆燕尾蛾、燕尾蛾。

形态特征：成虫体长18.0~22.0 mm，翅展80.0~90.0 mm，体翅灰黑色或黑褐色；触角栉齿状，腹部各节后缘红色；前翅外缘为黑色宽带；后翅具1个尾状突起，外缘具2列不规则的红色或灰白色斑，翅基片黑色，各具1个红色斑点；体节间红色或黄色。

寄主与习性：取食榆树、大果榆等林木。

栎距钩蛾 *Agnidra scabiosa fixseni* (Bryk)

钩蛾科 Drepanidae

形态特征：成虫体长10.0~14.0 mm，翅展17.0~35.0 mm，头棕褐色；下唇须黄褐色；触角茶褐色，雄虫双栉形，端部丝状，雌虫丝状；腹面黄褐色；前翅灰褐色，亚外缘线灰褐色，呈波浪纹，中线附近具灰白色散斑，形成1条由8个灰色椭圆点组成的宽线；后翅的内线、中线及外线褐色，呈波浪纹，中室具较前翅小的灰白色散纹，前后翅反面黄色，具金属光泽。

寄主与习性：取食蒙古栎、栗树等林木。

枝白钩蛾 *Ditrigona virgo* (Butler)

钩蛾科 Drepanidae

形态特征：成虫翅展11.0~19.0 mm，头白色；下唇须刚达上唇，外侧暗褐色，内侧白色或淡黄色；触角齿形；翅比较狭仄，具小室，很大，翅正面白色，微具光泽，前翅正面前缘白色或微灰黄色，横线褐黄色，外线在中室后缘处曲折成一角，内线月牙形，中室具1个褐色点；后翅正面无外线，前、后翅反面均无纹。

寄主与习性：不详。

三线钩蛾 *Pseudalbara parvula* (Leech)　钩蛾科 Drepanidae

形态特征：成虫翅展18.0~23.0 mm，体形细，背面灰褐色，腹面淡褐色；头紫褐色；下唇须中等长，褐色；触角黄褐色，雄虫单栉形，雌虫丝状；前翅灰紫褐色，具小室和3条深褐色斜纹，中室端具2个灰白色小点，上面1个略大，顶角尖，向外凸出；后翅色浅呈灰白色，中室端具2个不太明显的小点。

寄主与习性：取食胡桃科、栎属等植物。

黑褐箩纹蛾 *Brahmaea christophi* Staudinger　箩纹蛾科 Brahmaeidae

形态特征：成虫翅展110.0~113.0 mm，体棕黑色，具褐色斑纹；前翅中带由10个长卵形横纹组成，内侧具7条波浪纹，外侧具6条似箩筐编织纹，翅外缘具1列半球形灰褐色斑；后翅中线在后缘略向外倾，基部（尤其反面）深黑色。

寄主与习性：取食椤属、木樨科等植物。

葡萄天蛾 *Ampelophaga rubiginosa* Bremer et Grey　天蛾科 Sphingidae

又名葡萄车天蛾、葡萄轮纹天蛾、葡萄红线天蛾。

形态特征：成虫体长42.0~47.0 mm，翅展86.0~92.0 mm，体肥大呈纺锤形，腹面淡茶褐色至近土黄色，背面中央自前胸到腹端具1条灰白色纵线；触角短栉齿状，背侧灰白色；前翅各横线暗茶褐色，前缘近顶角处具1个暗色三角形斑；后翅周缘棕褐色，中间大部分为黑褐色，缘毛色稍红，翅中部和外部各具1条暗茶褐色横线，翅展时前后翅两线相接，外侧略呈波纹状。

寄主与习性：取食葡萄树、爬山虎、地锦等植物。

榆绿天蛾 *Callambulyx tatarinovi* (Bremer et Grey)　天蛾科 Sphingidae

又名榆天蛾、云纹榆天蛾。

形态特征：成虫体长30.0~40.0 mm，翅展90.0~115.0 mm，触角上面白色，下面褐色；胸部背面墨绿色；腹部背面粉绿色，每腹节具黄白色线纹；翅面粉绿色，具云纹斑，前翅前缘顶角具1块深绿色三角形斑，后缘中部具1块褐色斑；后翅红色，后缘角具墨绿色斑，外缘淡绿色，反面黄绿色；各足腿节淡绿色，内侧具绿色密毛，跗节赤褐色。

寄主与习性：取食大果榆、山榆、柳等林木。

黑边天蛾 *Hemaris affinis* (Bremer)　天蛾科 Sphingidae

形态特征：成虫体长21.0~24.0 mm，翅展40.0~42.0 mm，头部黄绿色；触角棒状，蓝黑色，较光滑，具金属光泽；前、中、后胸背板被黄绿色鳞毛，胸部腹面被淡黄色鳞毛；腹部腹面黑色，具棕色鳞毛，腹面尾毛棕色；翅透明，翅框内缘具锯齿纹，基褶处及前翅前缘处被黄绿色鳞毛，外缘、顶角向内具褐色宽边，各翅脉褐色。

寄主与习性：取食金银木等忍冬属植物。

白须绒天蛾 *Kentrochrysalis sieversi* Alphéraky　天蛾科 Sphingidae

又名白须天蛾。

形态特征：成虫体长44.0~52.0 mm，翅展90.0~130.0 mm，头灰褐色；胸部背板具棕黑色的似半圆形条纹；腹部腹面灰白色，背面中央及两侧各具1条灰黑色纵纹；翅暗灰色，混杂霜状白粉，前翅中部具2条棕黑色波状横线，翅顶具1条黑色曲线；后翅棕黑色，缘毛白色，具棕褐色斑列，前、后翅外缘由黑白相间的小方块斑连成。

寄主与习性：取食木樨科植物。

黄腰雀天蛾 *Macroglossa nycteris* Kollar

天蛾科 Sphingidae

形态特征：成虫翅展42.0~47.0 mm，体背灰褐色；头胸背面具黑褐色细纵条，肩片具黑褐色三角形大斑；腹部灰褐色，第2~4节两侧具黄斑，第5~8节两侧具黑毛束，第4节两侧后缘具白毛束，第7节基部具白斑，有时分裂成2块；前翅灰褐色，内横线黑褐色，宽大，弯曲；后翅中间具鲜黄色宽横带。

寄主与习性：取食茜草科植物等。

黑长喙天蛾 *Macroglossum pyrrhosticta* (Butler)

天蛾科 Sphingidae

形态特征：成虫翅展23.0~25.0 mm，头及胸部具黑色背线；腹部第1、2节两侧具黄色斑，第4、5节具黑色斑，第5节后缘具白色毛丛，腹面灰色至褐色，各纵线灰黑色；翅黑褐色，前翅各横线呈黑色宽带，近后缘向基部弯曲，外横线呈双线波状，外缘线细黑色，翅顶角至第6、7脉间具1个黑色纹；后翅中央具较宽的黄色横带，基部与外缘黑褐色，后缘黄色。

寄主与习性：取食茜草科植物等。

小豆长喙天蛾 *Macroglossum stellatarum* (Linnaeus) 天蛾科 Sphingidae

又名蜂鸟天蛾、长喙天蛾、蜂鸟蝶蛾、蜂鸟蛾、蜂鸟鹰蛾。

形态特征：成虫翅展22.0~25.0 mm，下唇须及胸部腹面白色；腹部暗灰色，两侧具白色及黑色斑，尾毛棕色扩散为刷状；前翅内线及中线弯曲，棕黑色，中室具黑色小点，缘毛棕黄色；后翅橙黄色，基部及外缘具暗褐色带，翅反面前大半暗褐色，后小半橙色。

寄主与习性：取食茜草科拉拉藤属、豆科植物等。

喜马锥天蛾 *Neogurelca himachala* (Bulter) 天蛾科 Sphingidae

又名三角凹缘天蛾、三角锥天蛾、奇翅天蛾。

形态特征：成虫翅展42.0~47.0 mm，腹背两侧具灰色的大鳞束，并呈片状外突；前翅狭长，缘锯齿状；后翅前缘深度弯曲，具2个半圆形的外突，停止休息时伸出前翅前缘之外。

寄主与习性：取食茜草科植物。

盾天蛾 *Phyllosphingia dissimilis* (Bremer)　天蛾科 Sphingidae

形态特征：成虫翅展90.0~100.0 mm，下唇须红褐色；胸部背线棕黑色；腹部背线紫黑色；翅棕褐色，前翅基部色稍暗，内线及外线色稍深，前缘中央具1块较大的紫色盾形斑，盾形斑周围色显著加深，外缘色较深，呈显著的波浪形；后翅具3条深色波浪状横带，外缘紫灰色，不整齐，反面无白色中线，或只隐约可见。

寄主与习性：取食核桃、山核桃、胡桃等林木。

丁香天蛾 *Psilogramma increta* (Walker)　天蛾科 Sphingidae

又名细斜纹天蛾、霜降天蛾。

形态特征：成虫体长31.0~39.0 mm，翅展106.0~128.0 mm，腹部背面中央具黑色纵带，两侧具棕黑色纵带；胸部及腹部腹面白色；前翅灰白色，中室端具灰黄色小点，点周围具较厚灰色鳞片，形成不甚规则的短横带，顶角内侧具黑色曲线并折向前缘；后翅棕黑色，外缘具白色断线，后角内方，具2块灰白色椭圆形斑。

寄主与习性：取食丁香、女贞、白蜡等林木。

桑螨 *Rondotia menciana* Moore　　蚕蛾科 Bombycidae

又名桑蚕、白蚕、白螨、松花蚕。

形态特征：雄虫体长6.0~9.0 mm，翅展13.0~15.0 mm，雌虫体长10.0~13.0 mm，翅展18.0~20.0 mm，体、翅皆豆黄色；头黄色，间杂有黑色毛；下唇须短小；雄虫触角灰褐色，长双栉形，雌虫触角灰色，短双栉形；前翅橘黄色，顶角稍外突，中室端具黑褐色“丁”字形纹，缘毛黄褐色至灰黄色；后翅上的两线不明显，缘毛灰黄相间。

寄主与习性：取食桑、柳、楮、枸杞等林木。

绿尾大蚕蛾 *Actias selene ningpoana* Felder　　大蚕蛾科 Saturniidae

又名绿尾天蚕蛾、月神蛾、长尾水青蛾、水青蛾、绿翅天蚕蛾、柳蚕。

形态特征：成虫体长33.0~46.0 mm，翅展105.0~130.0 mm，头灰褐色，体被较密的白色长毛；触角土黄色，雄雌均为长双栉形；翅粉绿色，基部具白色绒毛，前翅前缘暗紫色，具白色鳞毛，翅脉及2条与外缘平行的细线均为淡褐色；后翅自M3脉以后延伸成尾形，尾带末端常呈卷折状；胸足的胫节和跗节均为浅绿色，被长毛。

寄主与习性：取食柳、胡桃、梨、杏、木槿、樱桃、火炬树等林木。

褐线尺蛾 *Boarmia castigataria* Bremer

尺蛾科 Geometridae

形态特征：成虫翅展33.0~34.0 mm，体翅灰白色至黄白色，密布小褐点；黑褐色的外横线外具弧形凸向内侧的亚缘线，两线间在中部呈褐色带；后翅外横线显著，亚缘线明显或较浅。

寄主与习性：不详。

榛金星尺蛾 *Calospilos sylvata* Scopoli

尺蛾科 Geometridae

形态特征：成虫体长35.0~45.0 mm，前翅外端具1个白斑，翅基星斑杏黄色，翅上斑纹多变异。幼虫白色，头黑色，体背面较黄，纵线黑色，侧面条纹黄色。

寄主与习性：取食榆、山毛榉、桦、榛等林木。

肾纹绿尺蛾 *Comibaena procumbaria* (Pryer) 尺蛾科 Geometridae

形态特征：成虫翅展10.0~20.0 mm，额、头顶绿色；雌虫触角双栉形，雄虫线形；胸部背面绿色；腹部背面前半部绿色，后半部仅中部有绿色，腹面白色；翅鲜绿色，反面灰白色，前翅前缘黄白色，臀角处具红褐色斑，中部白色；后翅中点同前翅，近翅基部，前后翅缘线褐色，缘毛灰褐色与灰白色相间。

寄主与习性：不详。

双斜线尺蛾 *Conchia mundataria* Cramer 尺蛾科 Geometridae

形态特征：成虫体长14.0~17.0 mm，翅展28.0~37.0 mm，全体白色；雄虫触角双栉状，栉齿褐色，较长，被白色纤毛，雌虫触角丝状；前翅白色，前缘褐色，基部较宽，自顶角斜向后缘具1条棕褐色粗线，缘线棕褐色，较细，缘毛棕褐色杂白色；后翅白色，缘毛白色；前足胫突明显，中足胫节距1对，后足胫节距2对，较短。

寄主与习性：取食杨、栎等林木。

灰褐幽尺蛾 *Gnophos myrtillata* (Thunberg)　尺蛾科 Geometridae

形态特征：成虫前翅长21.0~24.0 mm，雌虫触角线状，雄虫触角锯齿状有纤毛；体翅黄褐色，前翅具4条横线，内线、中线不明显，中室端具暗褐色纹，外线暗褐色；后翅具明显的暗褐色亚端线，外侧衬锯齿形白边，翅反面色淡，仅外线和中室褐纹最明显。

寄主与习性：不详。

大造桥虫 *Ascotis selenaria* (Denis et Schiffermüller)　尺蛾科 Geometridae

形态特征：成虫翅展24.0~50.0 mm，体色变异较大，常见浅黑褐色；触角双栉齿状，但分支较短；翅上的横线和斑纹均为黑色或暗褐色，中室端具1个浅褐色斑，周围褐色，亚基线和外横线为锯齿线，其间为灰黄色。

寄主与习性：取食榆、藜、菊科等植物。

槭烟尺蛾 *Phthonosema invenustaria* (Leech)　尺蛾科 Geometridae

形态特征： 成虫前翅长31.0~33.0 mm；体翅茶褐色，前翅内线黑褐色，仅前缘和后半部明显，内线以内褐色，中线淡褐色，中室端具灰褐色斑，外线黑褐色波形；后翅中线、中室斑点和外线似前翅，但内线不显，翅反面具明显的中室斑点和外线。

寄主与习性： 取食槭、柳、卫矛、六道木等。

长眉眼尺蛾 *Problepsis changmei* Yang　尺蛾科 Geometridae

形态特征： 成虫前翅长18.0~22.0 mm，头顶白色；触角基部白色；额黑褐色；翅白色，中部具眼状斑，前翅眼状斑大而较圆，淡褐色，边缘整齐，眼下斑小，淡褐色，内具几个银色斑点；后翅眼状斑长椭圆形，与内缘褐斑相连，外线、亚端线和端线与前翅相似；腹部背面黑褐色，密被白色长毛，各节后缘白色。

寄主与习性： 不详。

雪岩尺蛾 *Scopula nivearia* (Leech)

尺蛾科 Geometridae

形态特征：成虫前翅长11.0~12.0 mm，体及翅白色；雄虫触角纤毛略长于触角干直径；额黑褐色；前、后翅均具微小黑色中点和黑色缘点，前翅前缘基部略带黑灰色，反面浅灰褐色，中线和外线较正面清楚；后翅外缘圆，反面白色，除微小中点外几乎无斑纹；雄虫后足跗节略长于胫节的1/2。

寄主与习性：不详。

长毛岩尺蛾 *Scopula superciliata* (Prout)

尺蛾科 Geometridae

形态特征：成虫前翅长10.0~12.0 mm，雄虫触角纤毛较长，约为触角干直径的2倍以上；中线波曲，在前翅远离中点，接近外线，翅端部色较浅，亚缘线不清晰，缘线较细弱，前翅反面颜色在中点以外几乎为灰白色。

寄主与习性：不详。

颐和岩尺蛾 *Scopula yihe* Yang

尺蛾科 Geometridae

形态特征：成虫体长10.0~12.0 mm，翅展24.0~29.0 mm，头黑褐色；触角间被白色鳞毛；胸、腹部白色；翅白色具丝光，散布小黑鳞，横线黄褐色明显：前翅5条，后翅4条，斜向而略平行；外横线与亚缘线波状，缘线的外侧整齐而内侧锯齿状，外缘具小黑点列，缘毛黄褐色，前翅的位于中横线内侧，后翅的位于中横线外侧。

寄主与习性：不详。

尺蛾科 Geometridae sp.（未定种）

尺蛾科 Geometridae

形态特征：成虫翅展40.0~58.0 mm，体细，翅阔，纤弱，常具细波纹；第1腹节腹面两侧具1对鼓腹膜听器；后翅Sc+R在近基部与Rs靠近或愈合，造成1个小基室。幼虫细长，通常仅第6和第10腹节具腹足，行动时一伸一屈。

寄主与习性：取食林木等。

大齿白边舟蛾 *Nericoides upina* (Alphéraky)　舟蛾科 Notodontidae

形态特征：成虫体长9.5~16.0 mm，翅展28.5~37.0 mm，头和颈板暗褐色；胸部与腹部灰黄褐色；前翅前半部灰黄褐色至灰黄白色，从前缘向后颜色逐渐变暗呈黑褐色，后方边缘沿中室下缘上方一点纵伸至中央呈一梯形斑，斑至外缘一段拱形，后半部浅灰褐色并蒙有一层灰白色，外线暗褐色；后翅灰褐色。

寄主与习性：不详。

苹掌舟蛾 *Phalera flavescens* (Bremer et Grey)　舟蛾科 Notodontidae

又名舟形毛虫、苹果天社蛾、黑纹天社蛾、举尾毛虫、举肢毛虫。

形态特征：成虫体长22.0~27.0 mm，翅展48.0~53.0 mm，头、胸部淡黄白色；复眼黑色球形；触角黄褐色，丝状；前翅银白色，在近基部具1个长圆形斑，外缘具6个椭圆形斑，翅中部具4条淡黄色波浪状线，顶角具2个不明显的小黑点；后翅浅黄白色，近外缘处具1条褐色横带。雄虫腹背浅黄褐色，雌虫土黄色，末端均淡黄色。

寄主与习性：取食杏、桃、李、山楂、海棠、苹果、樱桃、沙果等林木。

肖浑黄灯蛾 *Rhyparioides amurensis* (Bremer)　灯蛾科 Arctiidae

形态特征：成虫翅展42.0~60.0 mm，雄虫体深黄色；下唇须上方黑色、下方红色；额黑色；腹部红色，背面及侧面具黑点；前翅前缘具黑边，前缘及后缘处各具2~3个黑点，反面红色，横脉纹黑色，外线3~4个黑斑；后翅红色，中室中部下方具1个黑点，横脉纹为新月形黑纹。

寄主与习性：取食栎、柳、榆、蒲公英等植物。

人纹污灯蛾 *Spilarctia subcarnea* (Walker)　灯蛾科 Arctiidae

又名红腹白灯蛾、人字纹灯蛾。

形态特征：雄虫体长17.0~22.0 mm，翅展45.0~50.0 mm，雌虫体长20.0~24.0 mm，翅展54.0~58.0 mm；雄虫触角短，锯齿状，雌虫触角羽毛状；头、胸黄白色；腹部背面红色；前翅黄白色；后翅红色或白色，前、后翅背面均为淡红色。

寄主与习性：取食榆、鸢尾、菊花、蔷薇、芍药等植物。

黑鹿蛾 *Amata ganssuensis* (Grum-Grshimailo) 鹿蛾科 Ctenuchidae

形态特征：成虫体长11.0~13.0 mm，翅展25.0~40.0 mm；体黑色，喙发达；触角丝状；中、后胸侧面各具1个黄色斑；腹部带蓝色光泽，第1、5节各具1条橙黄色横带；前翅前缘基部微拱，具6个透明斑；后翅具2个透明斑，翅斑大小有变异。

寄主与习性：取食菊科、禾本科、十字花科等植物。

榆剑纹夜蛾 *Acronicta hercules* (Felder et Rogenhofer) 夜蛾科 Noctuidae

形态特征：成虫体长22.0~24.0 mm，翅展42.0~54.0 mm，头部灰色；触角棕色；下唇须第2节黄白色，外侧黑色；胸部灰色；腹部黄褐色，腹面黄白色；前翅灰褐色，具1个黑褐色环纹，肾纹中央褐色，具1条黑曲纹，环纹、肾纹间具1个黑色条纹，亚缘线锯齿形，缘毛白色；后翅淡褐色，具褐色横脉纹及亚缘线，缘毛白色。

寄主与习性：取食榆树等林木。

金斑夜蛾 *Chrysaspidia festucae* (Linnaeus)　夜蛾科 Noctuidae

形态特征： 成虫体长15.0~17.0 mm，翅展32.0~37.0 mm，头部红褐色；胸部背面棕红色；腹部淡黄褐色；前翅黄褐色，基部后缘区及端区具淡金色斑，内、外横线棕色，中部具2个大银斑：内侧的较大，近斜方形，前角伸入中室，外侧的较小，近扁圆形；后翅淡黄褐色，缘毛灰黄色。

寄主与习性： 取食禾本科、莎草科、香蒲科等植物。

苇实夜蛾 *Heliothis maritima* Graslin　夜蛾科 Noctuidae

形态特征： 成虫翅展26.0~37.0 mm；前翅黄褐色带青绿色，中部外具2条锈褐色或锈红色宽带，前半部分离，后半部相连，环形纹由中央1个褐色点及周围几个褐色点组成，肾形纹明显或不明显，缘线由1列黑点组成；后翅黑色，中央及翅外缘中部具宽大淡褐色斑。

寄主与习性： 取食苜蓿、禾本科等植物。

苜蓿夜蛾 *Heliothis viriplaca* (Hüfnagel)　夜蛾科 Noctuidae

又名大豆叶夜蛾、大豆夜蛾、亚麻夜蛾、实夜蛾。

形态特征：成虫体长13.0~16.0 mm，翅展30.0~38.0 mm；前翅灰褐色带青色，缘毛灰白色，沿外缘具7个新月形黑点，近外缘具浓淡不均的棕褐色横带，翅中央具1块深色斑；后翅色淡，具黄白色缘毛，外缘具黑色宽带，带中央具白斑，前部中央具弯曲黑斑。

寄主与习性：取食苜蓿、草木樨、禾本科等植物。

窄肾长须夜蛾 *Herminia stramentacealis* Bremer　夜蛾科 Noctuidae

形态特征：成虫翅展20.0~25.0 mm，头、胸及前翅灰褐色；下唇须上伸，举过头顶；前翅密布褐色细点，亚端区及端区色暗，中部常具暗色宽横带，内线黑棕色，波浪形外弯，肾形纹小，黑棕色，外线暗棕色，自前缘脉外弯，在中褶处内凹，亚端线黑棕色，端线为1列黑点；后翅浅灰褐色，具2条横带。

寄主与习性：取食栓皮栎等林木。

黏虫 *Mythimna separata* (Walker)　夜蛾科 Noctuidae

又名粟夜盗虫、剃枝虫、五彩虫、麦蚕等。

形态特征：成虫体长14.0~18.0 mm，翅展35.0~42.0 mm，头、胸部灰褐色；腹部暗褐色；前翅颜色多变，有灰黄褐色、黄色或橙色等，环纹与肾纹褐黄色，界线不明显，肾纹后端具1个白点，其两侧各具1个黑点，外横线为1列黑点，缘线为1列黑点；后翅暗褐色，向基部色渐淡。

寄主与习性：取食粟、麦、玉米、豆类等16科104种以上植物。

褐宽翅夜蛾 *Naenia contaminata* (Walker)　夜蛾科 Noctuidae

又名宽翅地老虎。

形态特征：成虫体长18.0~20.0 mm，翅展40.0~52.0 mm，头、胸部褐色杂灰色；下唇须第2节外侧黑色；腹部灰褐色；前翅褐色布有黑点，基线、内线均为双线黑色波浪形，剑纹黑边，环纹、肾纹大，中间具褐色圈，外线双线黑色锯齿形，亚端线内侧前端及第4~6脉间各具2个黑色齿纹，端线为1列黑点；后翅褐色。

寄主与习性：取食苜蓿、杂草等植物。

黄斑眉夜蛾 *Pangrapta flavomacula* Staudinger　夜蛾科 Noctuidae

形态特征：成虫体长11.0~14.0 mm，翅展26.0~30.0 mm，头、胸部灰褐色；腹部灰色；前翅淡紫灰色带黄色，密布暗褐色细点，前缘区较白，基线黑色达中室，内线黑棕色波浪形，环纹黄色褐边，肾纹黄色；后翅淡黄色，横脉纹黑色，外线黑色弧形，亚端线双线黑色锯齿形，全翅密布暗褐色细点，外线与亚端线间最浓密，端线黑色。

寄主与习性：不详。

黑点贫夜蛾 *Simplicia rectalis* (Eversmann)　夜蛾科 Noctuidae

形态特征：成虫翅展26.0~33.0 mm，体前及前翅灰褐色；头部棕黄色；触角黄白色，栉齿形；腹部黄色，被白色绒毛；前翅内线褐色，稍波形，亚端线直，呈黄褐色；后翅色淡。

寄主与习性：不详。

幻带黄毒蛾 *Euproctis varians* (Walker)　毒蛾科 Lymantriidae

又名台湾茶毛虫。

形态特征：雄虫翅展17.0~19.0 mm，雌虫翅展29.0~31.0 mm，体橙黄色；触角黄白色，栉齿灰黄棕色；前翅黄色，内横线和外横线黄白色，近平行，外弯，两线间色较浓；后翅浅黄色；足浅橙黄色。

寄主与习性：取食杂草等植物。

盗毒蛾 *Porthesia similis* (Fuesszly)　毒蛾科 Lymantriidae

又名黄尾毒蛾、金毛虫、桑叶毒蛾、桑毛虫、桑斑褐毒蛾、纹白毒蛾。

形态特征：雌虫体长18.0~21.0 mm，雄虫体长13.0~17.0 mm，触角干白色，栉齿棕黄色；下唇须白色，外侧黑褐色；头、胸、腹部基半部和足白色微带黄色，腹部其余部分和肛毛簇黄色；前、后翅白色，反面白色，前翅前缘黑褐色，后缘具2个褐色斑，有的个体内侧褐色斑不明显。

寄主与习性：取食柳、杨、榛、栎、蔷薇、李、山楂、苹果等林木。

柑橘凤蝶 *Papilio xuthus* Linnaeus　　凤蝶科 Papilionidae

又名橘黑黄凤蝶、橘凤蝶、黄菠萝凤蝶。

形态特征：成虫翅展90.0~110.0 mm，体侧被灰白色或黄白色毛；前翅中室基半部具4~5条放射状斑纹，端半部具2个横斑，外缘区具1列新月形斑纹，中后区具1列纵向斑纹，外缘排列十分整齐；后翅基半部的斑纹都是顺脉纹排列，被脉纹分割，翅反面色稍淡。分春、夏二型，春型色淡呈黑褐色，夏型色深呈黑色；翅上的花纹黄绿色或黄白色，春、夏型排列均一致，但夏型雄虫的后翅前缘多1个黑斑。

寄主与习性：取食黄檗属、柑橘属、芸香科的植物，蜜源植物为马利筋、八宝景天等。

丝带凤蝶 *Sericinus montelus* Grey　　凤蝶科 Papilionidae

又名软凤蝶、马兜铃凤蝶、白凤蝶、软尾蝶、软尾亚凤蝶。

形态特征：成虫体长16.0~24.0 mm，翅展54.0~68.0 mm，体黑色；触角较短；复眼后及胸侧具红毛；腹部腹面具1条红色或黄白色线。分春、夏二型，夏型体明显大，雄虫翅底淡黄色，前翅中室中部、端部和顶角均具黑色斑纹；后翅亚端线部具不规则弧形黑色斑纹；雌虫翅密被淡褐色斜形带纹，前翅中室具“~”形黄白色纹。春型体较小，雄虫前后翅亚端线部位具4~5个小红斑，雌虫翅面斜形带纹黑褐色。

寄主与习性：取食马兜铃、葛藤等植物。

斑缘豆粉蝶 *Colias erate* (Esper)

粉蝶科 Pieridae

又名黄纹粉蝶。

形态特征：成虫翅展45.0~55.0 mm。雄虫翅黄色，前翅外缘有宽阔的黑色横带，中部镶嵌1列黄色斑纹，中室端具1枚黑色小圆斑；后翅外缘的黑色纹多相连成列，中室端的圆斑点在正面呈橙黄色，反面呈银白色。雌虫具二型：一型翅面为淡黄绿色或淡白色，另一型翅面为黄色；翅反面颜色较淡，亚端具1列暗色斑。

寄主与习性：取食苜蓿、大豆等植物。

菜粉蝶 *Pieris rapae* (Linnaeus)

粉蝶科 Pieridae

又名菜青虫、菜白蝶、白粉蝶。

形态特征：成虫体长12.0~20.0 mm，既分雌、雄二型，也分春、夏二型，春型翅面黑斑小，夏型翅面黑斑显著，颜色鲜艳。雌虫淡黄白色；前翅前缘和基部黑色，顶角具1个大三角形黑斑，中室外侧具2个黑色圆斑，前后并列；后翅基部灰黑色，前缘具1个黑斑，翅展开时与前翅后方的黑斑相连接。雄虫乳白色，前翅正面灰黑色部分较小。

寄主与习性：取食十字花科、菊科、木樨科等植物。

云粉蝶 *Pontia edusa* (Fabricius)　粉蝶科 Pieridae

又名云斑粉蝶、花粉蝶、斑粉蝶。

形态特征：成虫体长12.0~22.0 mm，翅展35.0~57.0 mm，翅白色；前翅中室横脉处具1个大黑斑，顶角处具几个黑斑组成的花纹；后翅无斑纹，但反面的斑纹可透视。雌虫在前翅臀角处具1个小黑斑，后翅外缘具多个黑斑组成的花斑。

寄主与习性：取食甜菜、十字花科等植物。

牧女珍眼蝶 *Coenonympha amaryllis* Cramer　眼蝶科 Satyridae

形态特征：成虫翅展38.0~41.0 mm，翅土黄色，前后翅亚前缘线银白色，波状，内侧具橙色条纹，前翅基部3条脉明显膨大，翅背色淡，亚缘区具1列黑色眼纹；后翅亚缘区具1列6个黄圈黑色眼纹，基半部灰色显黄绿色，眼斑列内侧具波曲的白带。

寄主与习性：取食香附子、油莎豆等莎草科植物。

新疆珍眼蝶 *Coenonympha xinjiangensis* Chou et Huang　眼蝶科 Satyridae

形态特征： 成虫翅展35.0~40.0 mm，翅土黄色，前翅翅长14.0~16.0 mm，与牧女珍眼蝶相似，但翅色较暗，正面无橙红色条纹；后翅反面大部分黑色，在第2、3眼斑内侧具1个三角形白斑。

寄主与习性： 不详。

多眼蝶 *Kirinia epaminondas* (Staudinger)　眼蝶科 Satyridae

形态特征： 成虫翅展55.0~62.0 mm，翅暗褐色，前翅亚缘具1列排成弧形的黄斑，近顶角具2个黄斑和1个小眼状斑；后翅具6个黑色眼状纹，围有黄色与褐色双重环，中心具白点，亚缘带具4~6个大黑色圆点，翅反面淡黄褐色，前边具不规则暗褐色线纹，末端眼状斑具2个白点。

寄主与习性： 取食禾本科等植物。

斗毛眼蝶 *Lasiommata deidamia* (Eversmann)

眼蝶科 Satyridae

形态特征：成虫翅展35.0~52.0 mm，翅面棕褐色，前翅基部明显膨大，翅背色淡，亚顶区眼斑眶宽，黄白色，内侧前端伸出似“6”状，斑内后侧具1个斜长横斑，中室内具2个短横纹；后翅亚缘具7个黑褐色圆形斑，瞳点白色，双眶，内眶宽、黄白色，外眶窄、浅棕色，内、外横线不规则弯曲。

寄主与习性：取食鹅观草、野青茯等植物。

蛇眼蝶 *Minois dryas* (Scopoli)

眼蝶科 Satyridae

形态特征：成虫翅展55.0~65.0 mm，体翅黑褐色，前后翅亚缘区具1条不规则黑色条纹，缘线黑色，缘毛黑褐色，前翅2个眼纹明显较正面大，具棕黄色圈，基部1条脉明显膨大，中室外端具2个黑色眼纹，瞳点青蓝色；后翅具1个极小的黑色眼状纹，外缘波状。雌虫眼纹明显较雄虫大，色略淡，前翅顶角、外缘具白色鳞片。

寄主与习性：取食禾本科植物。

矍眼蝶 *Ypthima balda* (Fabricius)　　眼蝶科 Satyridae

形态特征：成虫翅展30.0~37.0 mm，体茶褐色，腹面灰色；翅茶褐色，前翅亚端部下方具1个黑底蓝色双心黄圈大眼斑；后翅后缘区与亚端区色稍淡。翅反面灰褐色细纹相间，前翅反面眼斑如正面；后翅反面具6个眼斑，每2个互相靠近，臀角处的2个最大。

寄主与习性：取食禾本科植物。

幽矍眼蝶 *Ypthima conjuncta* Leech　　眼蝶科 Satyridae

又名六圈眼蝶。

形态特征：成虫体长13.0~16.0 mm，体灰色；触角黄褐色；前翅灰褐色，中室外侧顶角间具点状黑色眼纹，反面的眼纹较大，外围黄色环宽而明显；后翅颜色略深于前翅，后角具1个眼形斑，外围具灰黄色环和近“8”字形黄圈，眼纹内具小白点，后角具3个黑眼纹。

寄主与习性：取食禾本科植物。

绿豹蛱蝶 *Argynnis paphia* (Linnaeus)　　蛱蝶科 Nymphalidae

形态特征： 成虫体长25.0~30.0 mm，翅展65.0~85.0 mm，雌、雄二型；雄虫翅橙黄色，雌虫翅暗灰色至灰橙色，黑斑较雄虫发达。雄虫前翅具4条粗长的黑褐色性标，中室具4条短纹，翅端部具3列黑色圆斑；后翅基部灰色，具1条不规则波状中横线及3列圆斑。前翅反面顶端部灰绿色，具波状中横线及3列圆斑，黑斑比正面大；后翅反面灰绿色，具金属光泽，无黑斑，中部至基部具3条白色斜带。

寄主与习性： 幼虫取食堇菜、悬铃木科等植物，成虫吸食悬钩子等植物花蜜。

斐豹蛱蝶 *Argyreus hyperbius* (Linnaeus)　　蛱蝶科 Nymphalidae

又名黑端豹斑蝶、斐胥蛱蝶。

形态特征： 成虫翅展70.0~75.0 mm，雌、雄二型。雄虫翅橙黄色，后翅外缘黑色，具蓝白色细弧纹，翅面具黑色圆点。雌虫前翅端半部紫黑色，具1条白色斜带，反面斑纹和颜色与正面有很大差异，顶角暗绿色，具小白斑；后翅斑纹暗绿色，亚外缘内侧具5个银白色小点，围有绿色环，中区斑列的内侧或外侧具黑线，基部具3个围有黑边的圆斑，中室具白点和数个不规则纹。

寄主与习性： 取食紫花地丁、三色堇等植物。

老豹蛱蝶 *Argyronome laodice* (Pallas)

蛱蝶科 Nymphalidae

形态特征：成虫翅展70.0~92.0 mm，雌、雄二型。雄虫具华丽的橘黄色图案，前翅具2条性标，反面斑纹同正面，除中室内横纹和中室后5~6个外，其余斑纹色淡且模糊；后翅基半部黄绿色，具2条褐色细线，中部一条曲折，与另一条白色波状带合流，外侧具5个褐色圆斑，亚外缘为褐色宽带。雌虫黑色、棕色或白色。

寄主与习性：取食堇菜等植物。

银豹蛱蝶 *Childrena childreni* (Gray)

蛱蝶科 Nymphalidae

形态特征：雄虫翅展90.0~100.0 mm，雌虫翅展100.0~110.0 mm，翅面黄褐色，具黑色豹斑；前翅中域桃红色，翅顶绿色，其上具2条银白色横条斑，中室内具3条黑色横线；后翅青铜色，具银色横带，其边缘为黑色线，外缘齿状突出，整个肛区呈灰蓝色。雌虫较雄虫大，颜色更暗，后翅后缘灰蓝色面积大。

寄主与习性：幼虫取食堇菜科植物，成虫吸食花粉、花蜜和植物汁液。

曲纹银豹蛱蝶 *Childrena zenobia* (Leech)　蛱蝶科 Nymphalidae

形态特征：成虫翅展80.0~86.0 mm，翅背橙黄色，具黑色斑。雄虫具3条黑褐色性标；前翅腹面顶角浅黄褐色，具2条白色弧线；后翅腹面灰绿色，有许多纵横交错的银白色网状纹，外缘波纹状。后翅腹面白线强烈弯曲，外缘中下部无青蓝色区域，亚缘具5个灰绿色圆斑。雌雄异色，雌虫翅面灰绿色，斑纹与雄虫近似。

寄主与习性：取食堇菜科植物。

灿福蛱蝶 *Fabriciana adippe* (Denis et Schiffermüller)　蛱蝶科 Nymphalidae

又名紫罗兰螺铀蛱蝶。

形态特征：翅展65.0~72.0 mm，翅面橙黄色，具黑色斑纹。雄虫前翅中室具4条弯曲的条纹，亚缘区具1列黑色圆斑，共计6个；后翅中室具2条黑色斑纹，亚缘区具5个黑色圆斑。雌虫翅面色淡，前翅顶角处具银斑。

寄主与习性：幼虫取食堇菜科植物，成虫吸食花粉、花蜜和植物汁液。

蟾福蛱蝶 *Fabriciana nerippe* (Felder et Felder)　蛱蝶科 Nymphalidae

又名蟾豹蛱蝶。

形态特征：成虫翅展40.0~65.0 mm，翅橙黄色，前后翅黑色圆斑大而稀疏，后翅外缘具“M”形黑色纹。雄虫具1条性标，前翅反面淡黄色，顶角淡绿色；后翅反面黄绿色，外缘具1列新月形斑纹。雌虫翅色较暗，翅顶角黑褐色，具2个橙黄色斑，内外侧具几个小白斑；前翅反面顶角深绿色，白斑显著比正面大，外缘具1条白色宽带，带中间有断续的绿色细线；后翅反面淡绿色，外缘具2列银白色斑，内侧为深绿色带。

寄主与习性：取食堇菜科植物。

黑脉蛱蝶 *Hestina assimilis* (Linnaeus)　蛱蝶科 Nymphalidae

形态特征：成虫翅展70.0~95.0 mm，翅面淡灰绿色，翅脉黑褐色，布满青白色斑纹；后翅亚外缘后半部具4~5个红色斑纹，有些红斑内有黑点，外缘后半部微向内凹，雄虫尤为明显，后翅外缘具淡黑色月牙斑。

寄主与习性：幼虫取食朴树等朴属植物，成虫吸食树木汁液和腐殖质等。

拟斑脉蛱蝶 *Hestina persimilis* (Westwood)

蛱蝶科 Nymphalidae

形态特征：成虫翅展58.0~63.0 mm，翅灰褐色或黑褐色，翅面淡白色，翅脉纹黑色，翅腹面与翅背面斑纹相似，但颜色较淡，具多型现象。淡色型：前、后翅背面灰绿色，仅翅脉为黑色的条纹，翅脉间点缀灰白色斑点。深色型：与黑脉蛱蝶深色型相似，前、后翅背面黑褐色，翅脉间具许多白色斑纹，后翅中室有柳叶状白斑，外缘及内侧有白色斑列。

寄主与习性：取食榆科植物。

琉璃蛱蝶 *Kaniska canace* (Linnaeus)

蛱蝶科 Nymphalidae

形态特征：中型蛱蝶，成虫翅展55.0~70.0 mm，翅背面深蓝黑色，亚外缘具1条蓝色宽带，在前翅呈“Y”形，宽带内饰有黑色点列；前翅顶角突出并饰有小白斑；后翅外缘中部突出呈齿状。翅腹面和背面的斑纹不同，前、后翅斑纹繁杂，以黑褐色为主，密布黑色波状细纹，后翅中央具一些小白点。

寄主与习性：幼虫取食菝葜科、百合科等植物，成虫吸食树木汁液、腐殖质和花蜜。

夜迷蛱蝶 *Mimathyma nycteis* (Ménétriés)

蛱蝶科 Nymphalidae

形态特征：成虫翅展65.0~70.0 mm，翅黑色；前翅顶角处具3个小白斑，中室内具1个淡色箭状纹，中室外具6~7个排成弧形的白斑；后翅中部1列大白斑呈带状，亚缘有1列白点与外缘平行。翅反面黄褐色，前翅中室银蓝色，内具2~4个黑点；后翅除银白色中央带及亚缘带外，具1条基带，亚缘带内侧具几个银白色小点。

寄主与习性：取食家榆、山榆、大果榆等榆属植物。

中环蛱蝶 *Neptis hylas* (Linnaeus)

蛱蝶科 Nymphalidae

又名豆环蛱蝶、琉球三线蝶。

形态特征：成虫翅展40.0~50.0 mm，体背面黑色，腹面苍黄色；触角顶端黄色；翅表面黑褐色，斑纹白色，外缘波状并具白色缘毛，翅展开时呈现3列由大小斑纹组成并两翅相连的白色带；前翅中室内具1条长形纵带，前方具1个箭头状斑纹；翅下表面黄色或黄褐色，斑纹清晰，周缘有明显的黑线围绕。

寄主与习性：幼虫取食榆科、蝶形花科、豆科、蔷薇科等植物，成虫吸食花粉、花蜜和植物汁液。

小环蛱蝶 *Neptis sappho* (Pallas)　　蛱蝶科 Nymphalidae

又名小三线蝶。

形态特征：成虫翅展44.0~53.0 mm，翅面黑色，斑纹白色，翅反面棕红色；翅端部呈三角形，中域内的白斑呈弧形排列；前翅中室具1个白色纵纹，断续状，基部沿外缘至中室三角形斑具1个白色细纹；后翅横带两侧无黑褐色外围线。

寄主与习性：幼虫取食胡枝子、豆科等植物，成虫吸食花粉、花蜜和植物汁液。

白钩蛱蝶 *Polygonia c-album* (Linnaeus)　　蛱蝶科 Nymphalidae

又名榆蛱蝶、白弧纹蛱蝶。

形态特征：成虫体长16.0~18.0 mm，翅展44.0~64.0 mm，翅正面橘黄色至红褐色，外缘、亚外缘黑色，外缘具齿状突起；前翅中室内近基部具2个点斑；后翅反面中区具白色“L”形纹。分夏、秋二型，夏型外缘齿状突钝，翅反面黄褐色；秋型外缘齿状突尖，翅反面黑灰色。

寄主与习性：幼虫取食朴、榆、忍冬等植物，成虫吸食花蜜、腐殖质和树木汁液。

黄钩蛱蝶 *Polygonia c-aureum* (Linnaeus) 蛱蝶科 Nymphalidae

又名金钩角蛱蝶、狸黄蛱蝶、黄蛱蝶、黄弧纹蛱蝶、多角蛱蝶。

形态特征：成虫体长17.0~19.0 mm，翅展45.0~62.0 mm，翅缘凹凸分明，前翅2脉和后翅4脉末端突出部分尖锐；前翅前缘暗色，外缘具黑褐色波状带，中室内具黑褐色斑；后翅外缘和亚缘各具1条黑褐色波状带，基半部有几个黑褐色斑排列歪斜。分夏、秋二型，夏型翅黄褐色，秋型翅红褐色；后翅反面中央具银白色“L”形纹。

寄主与习性：取食杂草类、榆属、梨属等植物。

大紫蛱蝶 *Sasakia charonda* (Shirozu) 蛱蝶科 Nymphalidae

形态特征：成虫翅展80.0~110.0 mm，雄虫翅底色为灰黑色，具蓝紫色金属光泽，翅基部约占翅面一半，各翅室具1~3个白色斑纹；前翅外观呈三角形，稍微横长；后翅卵圆形，外观接近三角形，外缘呈轻微锯齿状。雌虫翅形较为宽圆，色泽花纹与雄虫相似，但翅表面不具蓝色金属光泽；翅下大部分为淡绿色，前翅深褐色区具白色斑点；后翅肛角部具1个小型橙色斑。

寄主与习性：幼虫取食朴树，成虫吸食地面积水、腐殖质和树木汁液。

云豹蛱蝶 *Nephargynnis anadyomene* (Felder et Felder) 蛱蝶科 Nymphalidae

又名雾彩豹蛱蝶。

形态特征：成虫翅展65.0~75.0 mm，翅橙黄色，表面黑斑黄底貌如豹纹，除两翅基部外满布黑色圆斑，外缘脉端的斑菱形。翅反面色淡，前翅中室具3个黑色纹，中室外具2大1小黑斑，中室后具5个黑斑；后翅无黑斑，端半部淡绿色，具灰白色云状纹，中部4个暗色斑中有白色小点。雄虫前翅Cu2脉具1条黑褐色性标，雌虫顶角具1个三角形白色斑点。

寄主与习性：取食堇菜科植物，成虫吸食蓟类等花蜜。

猫蛱蝶 *Timelaea maculata* (Bremer et Grey) 蛱蝶科 Nymphalidae

形态特征：成虫翅展44.0~58.0 mm，体背面黑色，腹面白色，雌雄同型；翅形圆润，前后翅背面黄色，密布各种形状黑色斑点，缘斑列、亚缘斑列和外斑列相对整齐可辨。翅腹面色浅，斑纹等同背面，前翅前缘顶角区具模糊白斑；后翅具较大白色区域，部分浅黄色区域。雌虫前翅外缘更圆，翅缘波状，缘毛黑白相间。

寄主与习性：幼虫取食朴树，成虫吸食植物汁液。

小红蛱蝶 *Vanessa cardui* (Linnaeus)　蛱蝶科 Nymphalidae

形态特征：成虫翅展46.0~65.0 mm，复眼裸出；下唇须粗壮；触角较长，上有鳞片，端部锤形；翅面颜色丰富，翅形变化极大，前翅多呈三角形，具5条径脉和1条臀脉，顶角附近具几个小白斑，翅中域具红黄色不规则横带；后翅为开室，具2条臀脉和肩脉，基部与前缘同样密生黄色鳞片。

寄主与习性：幼虫取食菊科、豆科、蔷薇科、鼠李科等植物，成虫吸食花蜜。

大红蛱蝶 *Vanessa indica* (Herbst)　蛱蝶科 Nymphalidae

形态特征：成虫翅展52.0~61.0 mm，体粗壮，黑色；翅面黑色，前翅顶角具4个白斑，中央具1条红色宽横带，亚顶角斜列4个白斑，中央具1条宽的红色不规则斜带；后翅暗褐色，外缘红色，内有1列黑色斑，内侧还有1列黑色斑。前翅反面除顶角茶褐色外，前缘中部具蓝色细横线；后翅反面具茶褐色云状斑纹，外缘具4个模糊的眼状斑。

寄主与习性：幼虫取食蝎子草、榆树等植物，成虫吸食腐殖质和树木汁液。

中华爱灰蝶 *Aricia chinensis* (Murray)　　灰蝶科 Lycaenidae

形态特征：成虫翅展28.0~32.0 mm，体翅黑褐色；前翅中室端具1个黑斑，前、后翅近外缘具1列橙色斑带。翅反面灰褐色，除近外缘的1列红色斑纹外，其他部分有许多黑色斑点。

寄主与习性：幼虫取食牻牛儿和豆科植物，成虫吸食花蜜。

雾驳灰蝶 *Bothrinia nebulosa* (Leech)　　灰蝶科 Lycaenidae

形态特征：成虫翅展21.0~32.0 mm，雄虫翅正面暗蓝色，前翅前缘及外缘具黑色带宽；后翅外缘黑色带窄，缘毛黑色。雌虫翅正面暗黑色，翅反面的斑纹在正面模糊可见，呈斑驳的雾状；翅反面乳白色或灰白色，外横列黑点与亚缘列黑点略平行，具中室端纹；后翅前缘与后缘各有黑点。

寄主与习性：取食豆科植物。

琉璃灰蝶 *Celastrina argiola* (Linnaeus)　灰蝶科 Lycaenidae

又名醋栗灰蝶。

形态特征：成虫翅展20.0~32.0 mm，翅粉蓝色微带紫色；雌、雄虫在前后翅正面的斑纹有很大的差异，雄虫在前后翅具窄的黑色外缘，而雌虫前后翅黑色外缘很宽，比雄虫的宽2倍；中室端脉具黑纹，缘毛白色。翅反面斑纹灰褐色，前翅亚外缘点列排成直线；后翅外缘点列也近直线状，前、后翅的外缘小圆斑大小均匀。

寄主与习性：幼虫取食刺槐、山楂树、胡枝子、苹果树、鼠李等植物，成虫吸食花粉、花蜜和植物汁液。

巨大琉璃灰蝶 *Celastrina gigas* (Hemming)　灰蝶科 Lycaenidae

形态特征：成虫翅展25.0~36.0 mm，翅浅粉蓝色微带紫色，各翅中央具黑色小斑点，缘毛白色；前翅反面只有外缘点列及波状亚缘纹，无外横斑列，雄虫前翅蓝色，具较窄的黑色外缘，雌虫的黑色外缘比雄虫宽，中区白色；后翅淡蓝色或紫色，反面白色或灰色。

寄主与习性：取食豆科等植物。

大紫琉璃灰蝶 *Celastrina oreas* (Leech)　灰蝶科 Lycaenidae

又名柃木琉璃灰蝶、阿里山琉璃小灰蝶、大琉灰蝶。

形态特征：成虫体长29.0~38.0 mm，翅展70.0~88.0 mm，头胸部褐色；翅亚外缘斑点较小，几乎呈直线排列；雄虫翅表色深，呈蓝紫色，雌虫翅表蓝紫色光泽较弱，外缘、前缘具黑褐色宽边带。

寄主与习性：幼虫取食蔷薇科植物，成虫吸食花蜜。

曲纹紫灰蝶 *Chilades pandava* (Horsfield)　灰蝶科 Lycaenidae

又名苏铁绮灰蝶、苏铁小灰蝶。

形态特征：成虫体长10.0~14.0 mm，翅展20.0~36.0 mm，翅面紫蓝色；前翅外缘黑色；后翅外缘具细的黑白边，其内为黑色窄带。翅反面灰褐色，缘毛褐色，前后翅均具黑边，前翅亚外缘有2条具白边的灰色带，后中横斑列也具白边，中室端纹棒状；后翅具2条带，内侧有新月纹白边，翅基具3个黑斑，都有白圈。尾突细长，端部白色。

寄主与习性：幼虫取食苏铁属植物，成虫吸食花蜜。

蓝灰蝶 *Everes argiades* (Pallas)　灰蝶科 Lycaenidae

又名燕蓝灰蝶、雾社燕小灰蝶。

形态特征： 成虫翅展30.0~35.0 mm，雄虫翅青紫色，前翅外缘、后翅前缘与外缘褐色；雌虫翅暗褐色，低温期前翅基后部与后翅外部会出现青紫色。翅反面灰白色，黑斑纹退化，前翅反面中室端纹淡褐色，近亚外缘具1列黑斑，外缘具2列淡褐色斑；后翅反面近基部具2个黑斑，后中部黑斑排列不规则，外缘具2列淡褐色斑。尾突白色，中间有黑色。

寄主与习性： 幼虫取食苜蓿、豆科等植物。

茄纹红珠灰蝶 *Lycaeides cleobis* (Bremer)　灰蝶科 Lycaenidae

形态特征： 成虫翅展31.0~36.0 mm，翅白色至淡黄色，前翅及前缘各具1层橙色鳞片，中室中部及横脉处各具不同大小的黑色斑，前翅反面Cu1室黑色斑呈茄形且长，长过中室端斑的2倍；后翅外缘具淡黑色断续带纹，各翅缘毛白色。

寄主与习性： 不详。

多眼灰蝶 *Polyommatus eros* (Ochsenheimer)　灰蝶科 Lycaenidae

形态特征：成虫翅展31.0~37.0 mm，雄虫翅紫蓝色，前、后翅具黑色缘带及外缘圆点列。雌虫翅暗褐色，除缘点外具橙红色斑，前后翅各6个。翅反面灰白色，前翅具2列黑斑沿外缘弧形平行排列，中间夹有橙红色带，亚缘列新月形，外横列斑7个，弓形弯曲，中室内具1个斑，该斑下方另具1个小黑斑；后翅黑斑排列与前翅相似，另在基部具1列4个小黑斑，前后翅黑斑皆围有白色环。

寄主与习性：不详。

红燕灰蝶 *Rapala iarbus* (Fabricius)　灰蝶科 Lycaenidae

形态特征：雄虫翅正面猩红色，脉粗、黑色，前翅的前缘、外缘和顶角为宽阔的黑褐色；后翅前缘近基处具1个苍黄色圆印，臀角圆形突出，具尾突。翅反面黄褐色，两翅的亚缘和后中域均有白线，前翅后缘具1簇毛，线纹模糊；后翅中域线在臀角上方呈“W”形，臀角圆形斑黑色。雌虫正面红棕色，脉不如雄虫的粗，脉上无鳞片和斑印；前翅反面后缘无毛，其余如雄虫。

寄主与习性：不详。

东亚燕灰蝶 *Rapala micans* (Bremer et Grey)　灰蝶科 Lycaenidae

形态特征： 成虫翅展28.0~36.0 mm，翅黑褐色，前翅基半部和后翅大部具紫蓝色闪光；雄虫后翅前缘近基部具1块长椭圆形毛丛，雌虫无此毛丛。翅反面具1个“W”形细纹，黑褐色或黑色，外侧具白色细纹；后翅臀角呈叶状，镶有橙色的黑斑，其下方有个布满白色鳞片的斑纹。分春、夏二型，春型翅反面灰褐色，夏型黄褐色。

寄主与习性： 取食枣树、柿树、杭子梢、蔷薇等植物。

优秀洒灰蝶 *Satyrium eximium* (Fixsen)　灰蝶科 Lycaenidae

形态特征： 成虫翅展35.0~38.0 mm，翅黑褐色，具暗紫色闪光，前翅中室上方具椭圆形性标；后翅臀角圆形突出，内有橙红色斑，具2个尾状突起。翅反面暗灰色，前翅沿外缘具不完整浅色细线，亚缘具1条青白色横线，末端屈折；后翅沿外缘具1条青白色细线，亚缘还有1条平行的同色线纹，两线中间各室具橙红色斑，自臀角至顶角依次渐小，斑纹内侧均具黑色弧状纹，中部横线前段直，后端呈“W”形，臀角黑色。

寄主与习性： 取食鼠李科、无患子科植物。

武大洒灰蝶 *Satyrium watarii* (Matsumura)　灰蝶科 Lycaenidae

形态特征： 成虫翅展35.0~38.0 mm，触角黑白相间，端部锤状、黄色；翅面黄褐色，雄虫前翅平直，中室具1个明显性标；后翅具2对尾突，臀角圆形突起，具橙红色条带，翅背具1个“W”形白色线纹。

寄主与习性： 取食鼠李科、无患子科等植物。

点玄灰蝶 *Tongeia filicaudis* (Pryer)　灰蝶科 Lycaenidae

又名密点玄灰蝶、雾社黑燕小灰蝶。

形态特征： 成虫翅展16.0~24.0 mm，翅正面黑褐色，后翅亚外缘具1列蓝斑和1条短细尾突。翅反面灰白色，缘毛白色，前翅反面外缘线黑色，内具2列黑斑，中室内外具3个黑斑；后翅反面外缘线褐色，内有围绕橙红色的2列黑斑，排成弧形，中室内外也具3个黑斑。

寄主与习性： 幼虫取食景天科植物，成虫吸食花蜜。

刺胫弄蝶 *Baoris farri* (Moore)　　弄蝶科 Hesperiidae

形态特征：成虫翅展40.0~60.0 mm，前翅斑纹变化较大，一般R3、R4、R5室各具1个小斑，M1室无斑，M2、M3、Cu1室的斑逐一加大，具2个中室斑，雌虫在Cu2室具1个不透明斑；后翅无斑纹，但雄虫中室内具1个横卧的黑色毛丛性标。

寄主与习性：不详。

黑弄蝶 *Daimio tethys* (Ménétriés)　　弄蝶科 Hesperiidae

又名带弄蝶、玉带弄蝶。

形态特征：成虫翅展26.0~40.0 mm，翅黑色，缘毛和斑纹白色；前翅顶角具3~5个小白斑，中域具5个大白斑(中室端斑最大，M3室斑很小)；后翅中域具1条白色横带，其外缘有黑色圆点。后翅反面基半部白色，上有数个小黑圆点。

寄主与习性：幼虫取食薯蓣科植物，成虫吸食花蜜。

深山珠弄蝶 *Erynnis montanus* (Bremer)

弄蝶科 Hesperiidae

形态特征：成虫翅展35.0~45.0 mm，翅暗褐色；雄虫翅具紫色光泽，前翅外半部具深灰色波状横带，前缘具模糊白色点列；后翅具2行黄色斑列，内列斑纹较大，排列不规则，具1个中室端斑。雌虫前翅面波状带色淡，宽而明显，尤其中带特别宽而色淡。

寄主与习性：幼虫取食栎类植物。

弄蝶 *Hesperia comma* (Linnaeus)

弄蝶科 Hesperiidae

形态特征：成虫翅展30.0~40.0 mm，体黑色，腹面具黄色绒毛；雄虫翅正面黄褐色，反面黄褐色发绿，前翅基半部黄色，具1斜行黑色性斑，外缘具宽褐色带，前缘近顶角具3个相连的黄斑，其后具2个黄色点斑；后翅大部分黑褐色，中室黄色。雌虫翅反面似正面，但斑纹更明显，前翅具2个中室端斑、2个白斑和1个黄斑；后翅大部分黄色，具1列黄斑。

寄主与习性：取食禾本科植物。

双带弄蝶 *Lobocla bifasciata* (Bremer et Grey)

弄蝶科 Hesperiidae

又名白纹弄蝶。

形态特征： 成虫翅展40.0~50.0 mm，翅正面黑褐色；前翅中区具1条透明斜行白带，由5个白斑组成，斑间由翅脉分开，亚端具3个小白斑；后翅无斑纹。

寄主与习性： 不详。

嵌带弄蝶 *Lobocla proxima* (Leech)

弄蝶科 Hesperiidae

形态特征： 成虫翅展35.0~45.0 mm，下唇须和触角棒的腹面灰色；翅正面黑褐色，前翅M3室的白斑三角形，嵌于中室斑与Cu1室斑之间，M1和M2室的端斑更靠近外缘；后翅无斑纹，反面具波曲的亚缘带。

寄主与习性： 不详。

双翅目

Diptera

离斑指突短柄大蚊 *Nephrotoma scalaris parvinotata* (Brunetti) 大蚊科 Tipulidae

又名谷类大蚊。

形态特征：成虫体长16.0~23.0 mm，前翅长10.0~15.0 mm，体黄色；头具黑褐色中纵带；触角丝状，13节，除基2节外，其余为黑色；中胸具黑色或黑褐色宽纵带：沟前具3条，沟后具2条，前中斑前端具褐色楔形纹(有时无)，侧斑前端明显外弯；小盾片褐色，后背片具1条黑纵带。

寄主与习性：幼虫地下生活，取食禾本科植物及树苗的根部。

大蚊 *Tipula paludosa* Meigen 大蚊科 Tipulidae

又名蚊子杀手、猎蚊。

形态特征：成虫体长50.0~80.0 mm，体细长少毛，灰褐色至黑色；头大，无单眼；雌虫触角丝状，雄虫触角栉齿状或锯齿状；中胸背板具1个“V”形沟；翅狭长；平衡棒细长；足细长，转节与腿节处常易折断。

寄主与习性：成虫常活动于水边或植物丛中。

刺槐叶瘿蚊 *Obolodiplosis robiniae* (Haldemann)　　瘿蚊科 Cecidomyiidae

形态特征：雌虫体长3.0~4.0 mm，体暗红色；触角丝状，14节；前翅发达，暗灰褐色，密布黑色绒毛，具3条纵脉；足细长，均显著长于体长。雄虫体长2.0~3.0 mm，触角26节。

寄主与习性：幼虫取食刺槐，刺激叶片组织增生肿大并卷曲，形成伪虫瘿。

中华按蚊 *Anopheles sinensis* Wiedemann　　蚊科 Culicidae

形态特征：雌虫翅长3.0~5.0 mm，头顶具若干竖立淡鳞；额簇为细长淡鳞；唇基两侧各有1簇狭窄弯曲暗鳞；触角梗节外侧及鞭节基部的分节具淡鳞；胸部侧面灰色，前胸前背片具竖立暗鳞簇及刚毛；腹部腹面浅黄色至棕色，具长毛，背面暗色；翅形比较粗钝，前缘脉除亚缘脉白斑和亚端白斑外大部分暗色，但在基部具散生的淡鳞。雄蚊一般形态特征与雌蚊近似，抱肢基节背面具很多淡鳞。

寄主与习性：幼虫滋生于阳光充足、水质较污、面积广而静的水中；成虫偏嗜畜血，兼吸人血。

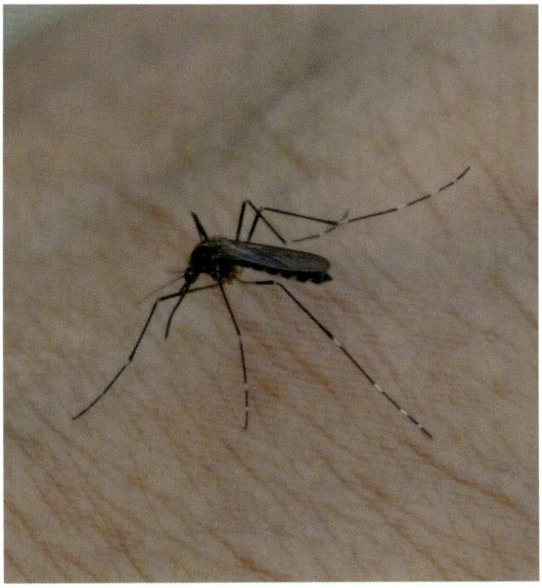

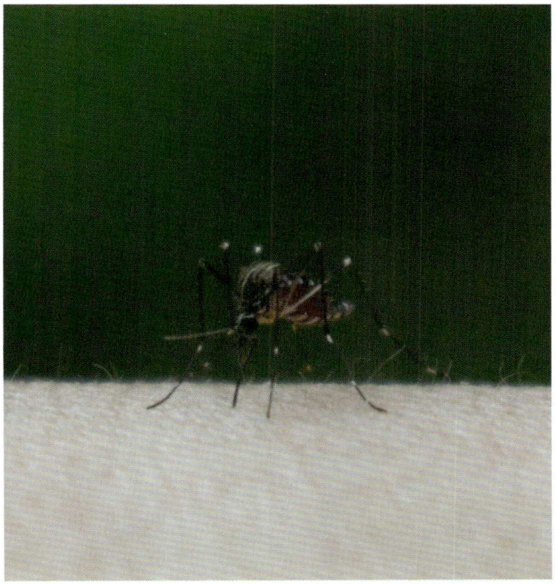

淡色库蚊 *Culex pipiens* Linnaeus　　蚊科 Culicidae

形态特征：成虫体长2.0~7.0 mm，体淡褐色；中胸背板无白色条纹；腹背各节基部具灰色横带，横带后缘平直。雌虫的喙与足淡褐色，无白环；触须短，约为喙的1/6，被有黑褐色毛及鳞片。雄虫的触须长于喙，第3节基部具1个浅黄色窄环。

寄主与习性：幼虫滋生于人居附近中度污染的积水中，已被证实是我国北方地区吸血的主要蚊种和班氏丝虫的主要媒介。

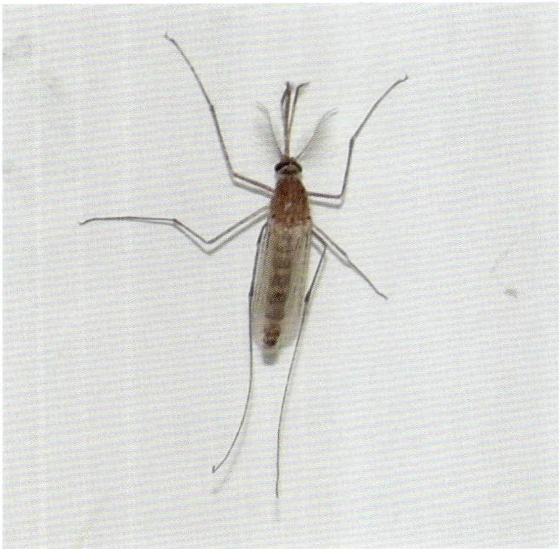

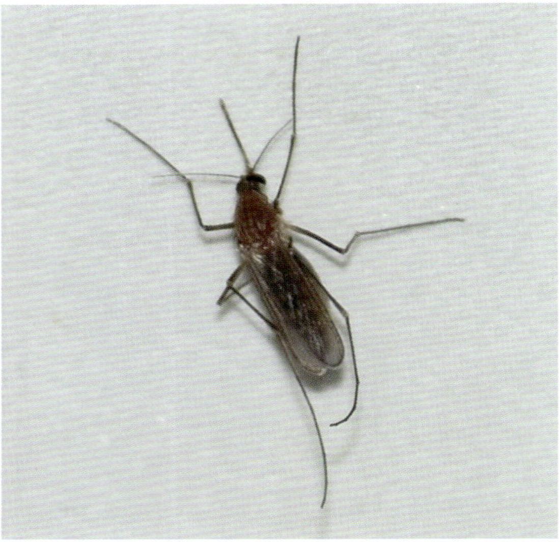

白纹伊蚊 *Aedes albopictus* (Skuse)　　蚊科 Culicidae

又名亚洲虎蚊、花斑蚊、花蚊子。

形态特征：成虫体长2.0~11.0 mm，雌虫头鳞典型，喙比前股略长，暗褐色；触须约为喙的1/5长，黑色，末端背面银白色；前胸前背片和后背片均具银白色宽鳞，后背片上方具褐色窄鳞；翅基前具银白色宽鳞簇，翅基则有一些白窄弯鳞；小盾片覆盖银白色宽鳞，中叶末端具黑宽鳞；足深褐色至黑色。雄虫触须比喙略长，第2~5节均具基白环或白斑。

寄主与习性：常活动于草丛和植物叶子下面，雌虫偏吸人血，多在户外侵袭人体。

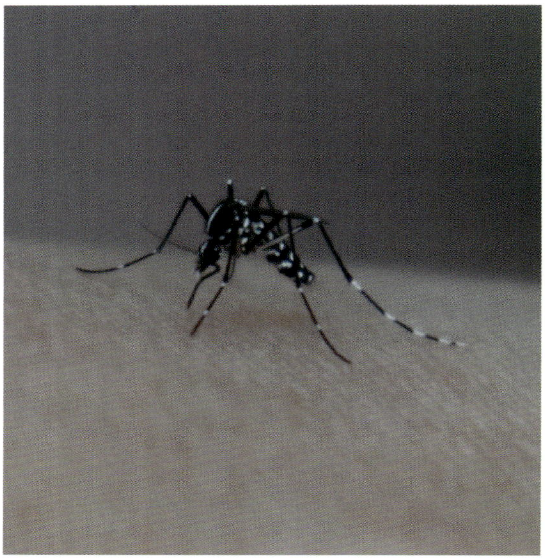

沼大蚊 *Limonia* sp.

沼大蚊科 Limoniidae

形态特征：成虫体长4.0~10.0 mm，翅长4.0~12.0 mm，触角12鞭节；M脉（中脉）两支达翅缘，翅烟褐色，翅长大于体长；足细长，腿节黄色，胫节黑褐色；生殖刺突未分开。

寄主与习性：常活动于水边、草丛和灌木丛。

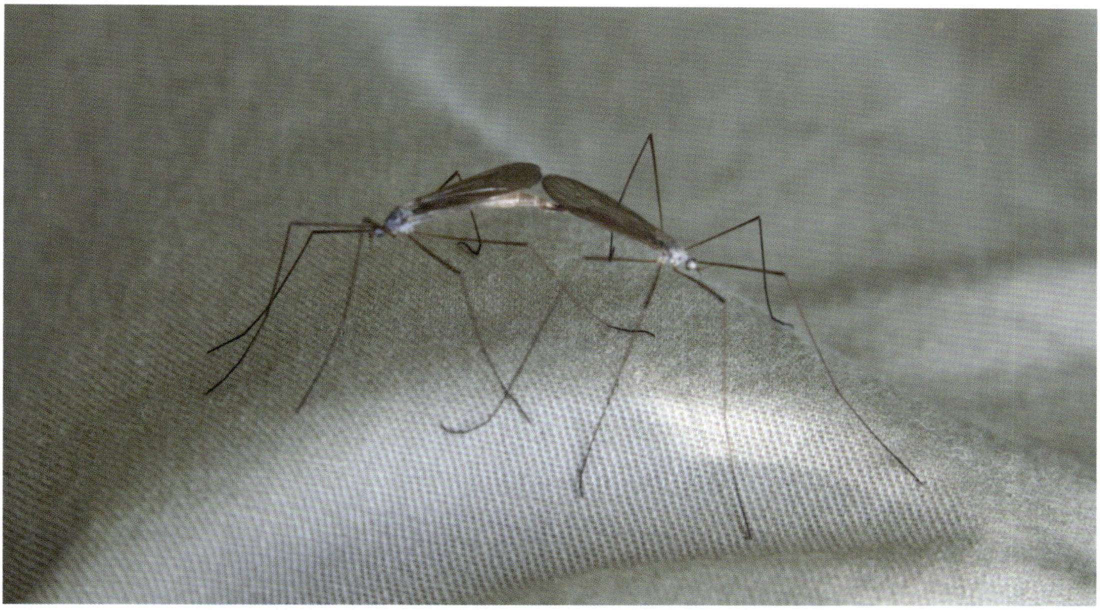

膝大蚊 *Gonomyia* sp.

沼大蚊科 Limoniidae

形态特征：成虫体长30.0~35.0 mm，翅长30.0~37.0 mm，翅黄棕色，达腹部末端；dm室（中室）存在；足细长，跗节色深，棕褐色，其余部分黄色；生殖突基节腹面具1个叶状突起。

寄主与习性：常活动于水边、草丛和灌木丛。

草菇折翅菌蚊 *Allactoneura valvaceae* Yang et Wang　菌蚊科 Mycetophilidae

又名灰蕈蚊。

形态特征：雄虫体长4.0~6.0 mm，雌虫体长6.0~7.0 mm，体黑灰色，具灰色毛；头顶黑色，有光泽；复眼大，深褐色；触角长2.0 mm，共16节；胸部中胸背板具黑色光泽，中胸后部具一些较长的刚毛；前翅发达，烟色，翅脉深褐色，翅的顶角和外缘具轮廓不明显的褐斑；足细长，基节的基部黑色，其余部分黄色。雄虫腹部第4背板沿其基部具1个黄色较宽的横缢，第3、4腹节的腹板黄色，其余各节被黑色鳞片。雌虫腹部粗大，第4节横缢也较雄虫的窄，仅第4节腹板为黄色。

寄主与习性：幼虫取食草菇、平菇等食用菌及腐殖质。

平菇厉眼蕈蚊 *Lycoriella pleuroti* Yang et Zhang　眼蕈蚊科 Sciaridae

形态特征：雄虫体长2.0~5.0 mm，体暗褐色；复眼很大，两复眼延伸至头顶，形成一眼桥，桥面宽为4个小眼(个别为3个)；触角第4鞭节长为宽的2.5倍；前足胫节端部具1根距，中、后足各具2根，胫梳基部为弧形。雌虫体长3.0~4.0 mm，触角较短，腹端具1对近似圆形的尾须端节。

寄主与习性：幼虫取食平菇、杨树菇、香菇、木耳、灵芝等多种食用菌。

泛叉毛蚊 *Penthetria japonica* Wiedemann

毛蚊科 Bibionidae

形态特征：成虫体长7.0~10.0 mm，翅长9.0~10.0 mm，体黑色；触角黑色，12节；胸部、腹部和小盾片黑色，中胸背板的后半部朱红色；足全为黑色，后足腿节和胫节末端均略膨大；翅烟褐色，平衡棒暗褐色。雌虫与雄虫相似，但触角下方颏面的凹陷较小且浅，后足胫节和跗节较细长，体型稍大。

寄主与习性：不详。

钩毛蚊 *Bibio aduncatus* Luo et Yang

毛蚊科 Bibionidae

形态特征：雄虫体长6.0~7.0 mm，翅长5.0~6.0 mm，头部黑色；复眼腹面和后方具黑棕色毛；触角黑色，11节，最末4节愈合，具黑色毛；胸部背板包括肩胛和小盾片黑色发亮；翅浅黄色均匀透明，翅痣黑棕色明显，前半部翅脉色深，棕色，后半部翅脉色很浅，与翅面同色。雌虫体长5.0~6.0 mm，翅长5.0~6.0 mm，头部黑色；喙管及唇瓣黄棕色；胸部背板黑色；腹部背板黄棕色，腹板棕色，节间带黄棕色；尾须黄棕色。

寄主与习性：不详。

毛蚊 *Bibio* sp.

毛蚊科 Bibionidae

形态特征：成虫翅长6.0~8.0 mm，雄虫复眼通常着生密毛，雌虫复眼卵圆形，较小，多无毛；前足胫节增粗或不增粗，顶端前伸成1个粗壮、稍弯的刺，还伴生有1个距。

寄主与习性：常活动于多腐殖质、潮湿的林中。

腹纹虻 *Tabanus exoticus* Ricardo

虻科 Tabanidae

形态特征：雌虫体长17.0~22.0 mm，体棕黑色；复眼绿色无带；额棕灰色，覆黑毛，额顶宽略大于基宽，高为基宽的8倍；触角柄节和梗节棕色，覆黑毛；胸部背板暗棕色，覆黑毛，具5条不明显黄灰色纵纹；翅略带棕色，翅脉棕色；前足胫节基部1/2和中、后足胫节棕红色，覆黑毛。雄虫复眼上2/3大眼面与下1/3小眼面界线清晰；腹部背板中三角较雌虫的窄。

寄主与习性：不详。

姚虻 *Tabanus yao* Macquart　　虻科 Tabanidae

形态特征：成虫体长22.0~24.0 mm，前额黄灰色，复眼无带，颊、颜灰黄色；前胸背板、小盾片灰褐色，有不明显条纹，侧板有黑色毛和白色毛；腹部灰黑色，每节后缘有细浅色带；翅脉棕色；足腿节红棕色，多白色毛，胫节黄色，多黑色毛，跗节黑色。

寄主与习性：成虫性喜阳光，阴雨时停止活动，避于隐蔽处。

姚虻属 *Tabanus* sp.　　虻科 Tabanidae

形态特征：成虫体长19.0~22.0 mm，前额黄色；复眼无带；颊、颜灰黄色；前胸背板、小盾片黑褐色，侧板具黑色毛和白色毛；腹部灰黑色，每节后缘有细浅色带；翅脉黑色；足腿节红棕色，多白色毛，胫节黄色，多黑色毛，跗节黄色至黑色。

寄主与习性：成虫常活动于林区空旷地带，避于隐蔽处。

木虻科 Xylomyidae（未定种）

形态特征：成虫体长15.0~25.0 mm，体黑色；复眼黑色，裸；触角黑褐色，8节；前胸背板黑色，光亮；腹部具白色斑纹；翅烟褐色，不达腹部末端；足黑褐色，具突刺，腿节颜色较深。

寄主与习性：不详。

黑色鞍腹水虻 *Clitellaria nigra* Yang et Nagatomi

形态特征：成虫体长10.0~18.0 mm，体黑色并具蓝紫色光泽；头顶白色；触角宽、扁且长，端节长；复眼黑色，突出；前胸背板黑色，盾圆形；腹部黑色，卵圆形，侧缘具灰白色斑；足黑色，具灰白色绒毛。

寄主与习性：幼虫取食动物粪便等，成虫喜访花，是重要的虫媒昆虫。

光亮扁角水虻 *Hermetia illucens* (Linnaeus) 水虻科 Stratiomyidae

又名黑水虻。

形态特征：成虫体长11.0~18.0 mm，体细长，暗黑色并具蓝紫色光泽；触角宽、扁且长，10节，端节长，是前7节的1.5倍；腹部前端两侧各具1个白色半透明的斑；足的胫节白色，余黑色，跗节及后足胫节基半部白色；平衡棒白色。

寄主与习性：幼虫取食动物粪便等，成虫喜访花，是重要的虫媒昆虫。

黄腹小丽水虻 *Microchrysa flaviventris* (Wiedemann) 水虻科 Stratiomyidae

形态特征：雄虫体长3.0~5.0 mm，复眼红褐色，被稀疏黄色短毛；胸部金绿色，腹部黄色（除末端外）；触角鞭节1或2节；足黄色，后足腿节中部黑褐色，后足胫节端部1/3~1/2（除最末端外）黑褐色。雌虫体长3.0~5.0 mm，头部金绿色；复眼分离；腹部金紫色或金绿色。

寄主与习性：多腐生，常活动于较为潮湿的地方。

狡猾指突水虻 *Ptecticus vulpianus* (Enderlein) 水虻科 Stratiomyidae

形态特征： 成虫体长15.0~20.0 mm，头部半球形，头顶具白色绒毛；复眼红色，连接；前胸背板黑色，具黄色斑；腹部细长，末节黑褐色；翅透明，翅脉黑色；中、前足橙黄色，后足黑褐色。

寄主与习性： 幼虫取食动物粪便、腐殖质等，成虫常活动于山区河水溪流旁。

金黄指突水虻 *Ptecticus aunifer* (Walker) 水虻科 Stratiomyidae

形态特征： 成虫体长18.0~26.0 mm，雄虫复眼分离；额橘黄色，向头顶逐渐加宽，被黄色毛，下额白色，隆起；触角红黄色，第2节内侧端缘突出呈指形，第3节盘形，具1个细长的端芒；下颚须淡黄色；喙红黄色；胸部红黄色，被黄色毛；腹部细长扁平，红黄色，被黑色毛；翅棕黄色，端部具黑斑；足红黄色，被金黄色毛。

寄主与习性： 幼虫取食动物粪便、腐殖质等，成虫常活动于山区河水溪流旁。

黑色指突水虻 *Ptecticus tenebrifer* (Walker)

水虻科 Stratiomyidae

形态特征：雄虫体长12.0~23.0 mm，翅长8.0~20.0 mm，雌虫体长8.0~20.0 mm，翅长8.0~15.0 mm；头黑色；复眼为接眼式；额黑色，较窄，逐渐向后头顶加宽，被黑色毛；下颚黄白色，隆起；触角黑色，梗节前端向前突出如指状，长为柄节长的1.5倍，鞭节基部盘形，顶部着生1个细长端芒；胸部黑色，被黄色毛；腹部黑色，第2节背板似白色透明；翅褐色；足黑色。

寄主与习性：幼虫取食动物粪便、腐殖质等。

红斑瘦腹水虻 *Sargus mactans* Walker

水虻科 Stratiomyidae

形态特征：成虫体长9.0~13.0 mm，体黑色，背面具铜绿色金属光泽；头后具1圈白色毛环；复眼突出；雄虫额最窄处的宽度仅为中单眼的宽度；足淡黄棕色或棕色，后足胫节基部1/3~1/2黑褐色。

寄主与习性：幼虫取食动物粪便，成虫常活动于阴湿的林下及水边。

丽瘦腹水虻 *Sargus metallinus* Fabricius

水虻科 Stratiomyidae

形态特征：成虫体长7.0~11.0 mm，翅长9.0~10.0 mm，头部球形，复眼占头部的大部分，雄虫两复眼略分离；额金属绿色，两侧平行，下额淡黄色，被淡黄色毛；触角黄色，被黑色毛，触角第2节内侧端缘呈弧状，第3节盘形，具1个细长的端生芒；胸部金属绿色，被淡黄色毛，肩胛黄色，具淡黄色毛；足黄色；翅的M4脉不从盘室出发，下横脉明显可见，平衡棒黄色；腹部金属蓝黑色。

寄主与习性：取食动物粪便和腐殖质。

长尾盗食虫虻 *Asilus crabroniformis* Linnaeus

食虫虻科 Asilidae

形态特征：成虫体长27.0~33.0 mm，翅长18.0~23.0 mm，体黑褐色；头顶凹陷，后头被白色长毛；胸部粗，具黑长三角黑褐色斑纹和斑点；腹部黑褐色，细长呈锥状，被细微绒毛；翅透明，狭长，翅脉黑色；足红褐色，细长，密被白色或黑色鬃，爪间突刺状。

寄主与习性：捕食蜂等小型昆虫。

安裂肛食虫虻 *Heligmonevra yenpingensis* (Bromly) 食虫虻科 Asilidae

形态特征：成虫体长25.0~28.0 mm，翅长17.0~19.0 mm，头黑色，覆稀薄灰白色绵毛；口鬃淡黄色；触角第1节红黄色，第2、3节黑色；下颚须黑色，被淡黄色毛；喙黑色；胸部背面黄色，具黑纵条，各侧片黑色，覆浓厚金黄色绵毛；腹部黑色，两侧和各背板后缘红黄色，被淡黄色毛；翅淡色透明，翅后缘具烟褐色斑；足红黄色，前足腿节腹面被红色鬃。

寄主与习性：捕食黄蜂、蜜蜂、蝴蝶等昆虫。

武鬃腿食虫虻 *Hoplopheromerus armatipes* (Macquart) 食虫虻科 Asilidae

形态特征：成虫体长19.0~21.0 mm，翅长14.0~15.0 mm，颜淡黄色，覆金黄色绵毛；口鬃黄色；触角黄色，被黑色毛；额黑色，覆金黄色绵毛，两侧被黄色毛；胸部黑色，覆灰黄色绵毛，背面具3条黑纵纹；腹部黑色，背板具黑色侧缘鬃；翅的缘室闭合具柄；足红黄色，前足腿节腹面具黑色鬃，中足腿节腹面有密集的黑色粗鬃。

寄主与习性：捕食小型昆虫。

棕腹盗食虫虻 *Laphria flava* (Linnaeus)

食虫虻科 Asilidae

形态特征：成虫体长21.0~28.0 mm，翅长14.0~15.0 mm，颜棕黄色，被棕黄色绵毛；触角黑色；额两侧被黄色毛；胸部黄色，覆棕黄色绵毛；腹部棕黄色，背面具棕黄色侧缘鬃；足红黄色，腿节具棕黄色鬃。

寄主与习性：捕食小型昆虫。

中华细腹食虫虻 *Leptogaster sinensis* Hsia

食虫虻科 Asilidae

形态特征：成虫体长9.0~11.0 mm，翅长5.0~7.0 mm，额黑色，覆黄色绵毛；后头鬃粗壮黑色；触角黑褐色，第2节赤褐色，第3节卵圆形，顶端尖；胸部黑色，覆褐色绵毛；肩胛亮褐色，沟前鬃和翅上鬃黑色粗长；翅透明，略带浅褐色，脉暗褐色；足橘黄色，基节褐色，后足腿节端半部加粗成棒状，具宽黑环，胫节中部具1根鬃，端部黑褐色，跗节上鬃黑色。

寄主与习性：捕食小型昆虫。

红腿弯顶毛食虫虻 *Neoitamus rubrofemoratus* Ricardo　食虫虻科 Asilidae

形态特征：成虫体长19.0~21.0 mm，翅长11.0~13.0 mm，颜面隆起，覆淡黄色绵毛；口鬃淡黄色毛状；下颚须黑色，被黄色毛；触角第2节红色，第3节黑色；额两侧缘被黑色毛；喙黑色，基部腹面被黄色毛；胸部黑色，具3条黑纵纹，后胸背片侧胝被黄色毛；翅狭长，淡色透明，翅脉黑褐色；腹部黑色，具黄色鬃，被黄色毛；足红黄色，前足腿节基部和端部略黑色，腹面具黄色鬃。

寄主与习性：捕食蝇、蛾等小型昆虫。

中华基叉食虫虻 *Phirodicus chinensis* Shiner　食虫虻科 Asilidae

形态特征：成虫体长23.0~26.0 mm，翅长11.0~14.0 mm，颜面和额黑色，覆灰白色绵毛；后头鬃黑色；触角黑色，基部两节被黑色毛；额两侧被鬃状黑色毛；胸部黑色，覆灰白色粉被，中央具1条黑色纵条；翅的缘室闭合具柄；足黑色，前足腿节腹面被白色毛。

寄主与习性：捕食小型昆虫。

单腹基叉食虫虻 *Phirodocus univentris* Walker　食虫虻科 Asilidae

形态特征：成虫体长18.0~21.0 mm，翅长8.0~10.0 mm，额、颜和胸部黑色，覆黄灰色毛；触角黑色；腹部黑色，背面和腹面被淡黄色毛，背板具侧缘鬃；翅淡黄色，缘室闭合具柄，具3个亚缘室；足黑色，前足腿节腹面具短粗鬃。

寄主与习性：捕食小型昆虫。

白毛叉径食虫虻 *Promachus albopiosus* Macquart　食虫虻科 Asilidae

形态特征：成虫体长20.0~23.0 mm，翅长10.0~18.0 mm，颜面、额、胸部和小盾片黑色，覆灰白色绵毛；触角黑色，基部2节被黑色毛，第1节长为第2节长的2倍；额两侧缘被黑色毛；后头鬃仅在眼角处有数根黑鬃，被白毛；喙黑色，基部腹面被白色毛。

寄主与习性：捕食多种昆虫。

突叶三叉食虫虻 *Trichomachimus lobus* Shi　食虫虻科 Asilidae

形态特征：成虫体长20.0~40.0 mm，头部黑色；颜面显著隆起；触角全黑，第1节略长于第2节，第3节长为基部两节的总和；下颚须黑色，被黑色毛；胸部黑色，被黑色鬃；腹部8节，腹部第2背板至第7背板被深红色长毛，腹面全部被黑色长毛，第8腹板后缘呈舌状突起；翅狭长，沿前缘、各后室常污浊；足黑色或红黄色，前足基节密被淡色毛，腿节腹面无鬃，胫节和跗节红黄色或黑色。

寄主与习性：捕食小型昆虫。

食虫虻科 Asilidae（未定种）　食虫虻科 Asilidae

形态特征：成虫体长18.0~24.0 mm，头宽窄于胸，黑色，被黄白色绒毛，头顶凹陷；触角黑色；前胸背板盾圆形，被白色短绒毛，侧缘具黑鬃；翅狭长，烟褐色，半透明；腹部黄色，细长略呈锥状，被黄白色绒毛；足胫节基部黑色，腿节淡红色，粗长，爪间突刺状。

寄主与习性：捕食小型昆虫。

芝川蜂虻 *Bombylius shibakawae* Matsumura　蜂虻科 Bombyliidae

形态特征：成虫体长8.0~13.0 mm，体黑褐色，被黄色至黄褐色长毛；翅基半部黑色，与透明区分界不明显，翅基附近的长毛为褐色至黑褐色；腹部第2~3节两侧具黑褐色长毛，背中线点缀白色小毛丛。

寄主与习性：成虫访问点地梅、二月兰等。

中华驼蜂虻 *Geron sinensis* Yang et Yang　蜂虻科 Bombyliidae

形态特征：成虫体长4.0~5.0 mm，体黑色，被金黄色毛和鳞片；头额部具白色鳞片；触角黑色，3节，第2节最短，端节最长，基部具黑色刚毛；胸部明显隆凸。

寄主与习性：成虫访问荆条、旋覆花、龙牙草等。

北京斑翅蜂虻 *Hemipenthes beijingensis* Yao, Yang et Evenhuis　蜂虻科 Bombyliidae

形态特征：成虫体长6.0~9.0 mm，体黑色；胸部侧被淡黄色绒毛，中间为黑色；腹部基部和中部被黄色绒毛；翅半黑半透明，翅室R1透明部分新月形，翅室CuA1透明部分很小且呈近三角形。

寄主与习性：常活动于草丛、岩石上。

浅斑翅蜂虻 *Hemipenthes velutina* (Meigen)　蜂虻科 Bombyliidae

形态特征：成虫体长7.0~9.0 mm，体黑色；胸部黑色，被黑色和黄色毛，只有两侧被少量白色绒毛；腹部第4、7腹节被白色绒毛；翅半黑半透明，翅室R1透明部分近半圆形。雌虫第1腹节被白色毛。

寄主与习性：常活动于草丛、岩石上。

姐蜂虻 *Phthiria* sp. 蜂虻科 Bombyliidae

形态特征：成虫体长6.0~9.0 mm，体黄色；复眼红色，突出；额和颜显著凸出；触角鞭节顶沟具1个针突；前胸背板具刻点；翅透明，翅脉浅色；足黄褐色。

寄主与习性：成虫访花，常活动于林地草丛。

锯齿姬蜂虻 *Systropus denticulatus* Du Yang, Yao et Yang 蜂虻科 Bombyliidae

形态特征：成虫体长28.0~33.0 mm，触角柄节、梗节黄色，鞭节黑色；中胸背板上前斑与中斑相连，后胸腹板黑色；后足第1跗节黄色。

寄主与习性：常活动于林下小灌丛中。

黄边姬蜂虻 *Systropus hoppo* Matsumura　　蜂虻科 Bombyliidae

又名北京姬蜂虻。

形态特征：成虫体长30.0~35.0 mm，触角黑褐色至黑色，柄节基大部浅黄色；胸部黑色，具3对黄斑，前斑横向，长形，中斑点状，后斑略呈三角形；腹柄黄色，背面黑褐色，腹面各节具褐色纵条；小盾片黑色，端缘黄色；后足腿节红褐色，胫节黄色，中央黑色。

寄主与习性：成虫访问益母草等。

姬蜂虻 1 *Systropus* sp. 1　　蜂虻科 Bombyliidae

形态特征：成虫体长22.0~27.0 mm，触角黄色，柄节基部褐色；胸部棕色；腹部灰黄色；翅透明，仅达腹部第4节中部；前足黄褐色，后足腿节黄色，胫节基部褐色，跗节黑色，具突刺。

寄主与习性：常活动于林下荫蔽、潮湿的环境中。

姬蜂虻 2 *Systropus* sp. 2　　蜂虻科 Bombyliidae

形态特征：成虫体长19.0~23.0 mm，头部、触角和前胸背板黑色；胸部被灰色绵毛；腹部黄色，8节，背面具大黑斑；翅半透明，仅达腹部第5节末端，翅脉黑色；前足浅黄色，后足黄色，具黑色环纹。

寄主与习性：常活动于林下荫蔽、潮湿的环境中。

暗绒蜂虻 *Villa aquila* Yao, Yang et Evenhuis　　蜂虻科 Bombyliidae

形态特征：成虫体长13.0~17.0 mm，腹部侧面被浓密的淡黄色或白色长绒毛，第5、6节被黑色绒毛，第7腹节被白色和黑色绒毛，背面被黑色鳞片，但第4腹节被白色鳞片，第1、5、6腹节后缘被白色鳞片。

寄主与习性：常活动于草丛、岩石上。

寡长足虻 *Hercostomus* sp.　长足虻科 Dolichopodidae

形态特征：成虫体长5.6~6.4 mm，翅长5.4~5.8 mm，触角第1节明显长于第2节，具背毛；触角芒背位，短于头宽，具短毛；5~6根强背中鬃，倒数第2根内移，中鬃2列；翅前缘脉不加粗，无前缘胝，R4+5端部略弯向翅后缘，M近直，R4+5和M端部汇聚。

寄主与习性：捕食小型昆虫。

舞盗食虫虻 *Empis tessellata* Hanneton dela Saint Jean　舞虻科 Empididae

形态特征：成虫体长18.0~24.0 mm，头黑色，具黑色绒毛，头顶凹陷；胸部粗，前胸背板黑色，具沟槽，被黄色绵毛，呈“小”字形；腹部黄褐色，密被黄色绒毛，呈锥状；翅半透明，棕色，狭长，翅脉黑色；足黑色，腹面棕黄色，被黑色鬃。

寄主与习性：捕食小型昆虫。

舞虻亚科 Empidinae（未定种）

舞虻科 Empididae

形态特征：成虫体长16.0~25.0 mm，触角第1节具鬃；前胸腹板大而与前侧愈合；翅基部宽，具发达的臀叶，R4+5不分叉，前缘脉通常止于R4+5或M1末端。

寄主与习性：捕食小型昆虫。

驼舞虻亚科 Hybotinae（未定种）

舞虻科 Empididae

形态特征：成虫体长17.0~30.0 mm，触角第1节无鬃；前胸腹板小，与前侧分开；臀室大，长于或等于第2基室；R4+5不分叉，盘室有2条脉，翅瓣不明显；尾须大致对称。

寄主与习性：捕食小型昆虫。

黄腹狭口蚜蝇 *Asarkina porcina* (Coquillet)　　食蚜蝇科 Syrphidae

形态特征：成虫体长15.0~18.0 mm，头黑色，头顶及后头被黄色毛及同色粉被；额黑色，密覆黄色至黄褐色粉被和黑色毛；颜橘黄色，两侧密被黄粉被和毛；复眼近乎裸；触角橘黄色；中胸背板黑色，略具光泽，被橘黄色毛，两侧缘橘黄色；腹部黄色，被毛大部分黑色，第2~5节后缘及第3~5节背板前缘具狭黑色带；翅透明无斑；足橘黄色，被毛大部分黄色，前、中足跗节端部背面色略暗，后足跗节褐色，各足腿节端部外侧、后足胫节外侧及跗节具黑色毛。

寄主与习性：幼虫捕食性。

褐翅巴蚜蝇 *Baccha nubilipennis* (Austen)　　食蚜蝇科 Syrphidae

形态特征：成虫体长12.0~19.0 mm，头大，半球形，宽于胸部；额略突出；颜中突明显或不明显；触角短，第3节宽大于长，背芒裸；复眼裸，雄虫合眼，两眼相接间距长，雌虫两眼狭地分开；中胸背板黑色，无淡色斑纹和粗毛；腹部细长；翅透明，翅痣褐色；足细长。

寄主与习性：幼虫捕食性。

斑额突角蚜蝇 *Ceriana grahami* (Shannon)

食蚜蝇科 Syrphidae

形态特征：成虫体长12.0~13.0 mm，头黑色，具光泽和淡色毛，头顶正中具1对黄斑；额具2对黄斑，额突除背面大部棕红色至棕褐色外，其余棕黄色；颜正中两侧具颇宽的黄色侧纵条；触角黑色，端芒黄棕色；中胸背板黑色；腹部黑色；翅大部棕褐色，后部的端半部透明；足棕褐色或黑色，腿节基部及端末黄色，胫节基半部棕黄色，端半部及跗节棕色或棕褐色。雌虫头顶黄斑略较雄虫大。

寄主与习性：幼虫腐食性。

日本突角蚜蝇 *Ceriana japonica* (Shiraki)

食蚜蝇科 Syrphidae

形态特征：成虫体长13.0~14.0 mm，翅长10.0~11.0 mm，头顶和后头黑色；单眼红色，近等边三角形；额突长，棕褐色，背面黑褐色；颜面黄色，被白色短毛，侧面观几乎直；触角黑褐色，触角芒短，呈锥形，褐色；中胸背板黑色，具粗大密集刻点，被黄白色稀疏短毛；腹部基部略收缩，黑色，具粗大刻点，被浅色稀疏短毛；各足腿节基部及端部棕褐色，后足腿节端半部腹面两侧具黑色短刺。

寄主与习性：幼虫腐食性。

长铜木蚜蝇 *Chalcosyrphus acoetes* (Séguy)　　食蚜蝇科 Syrphidae

形态特征：雄虫体长15.0~17.0 mm，翅长10.0~11.0 mm，雌虫体长17.0~19.0 mm，翅长11.0~13.0 mm，雄虫头部椭圆形，宽于胸；头顶三角形，黑色，被暗褐色毛；复眼裸；颜面覆白色绵毛；颊部黑色，被白色绵毛；触角基部两节黑色，被黑色毛，触角芒长而裸，黄褐色；中胸背板黑色，略具光泽；翅基半部透明，端半部黄褐色；足黑色。雌虫体被毛较雄虫更短，头顶三角形明显隆起，头顶和额黑色，被黄褐色短毛；足被毛，腿节、胫节后侧缺长毛。

寄主与习性：幼虫腐食性。

黑蚜蝇 *Cheilosia* sp.　　食蚜蝇科 Syrphidae

形态特征：成虫体长6.8~10.0 mm，翅长6.1~8.3 mm，金属黑色或灰黑色；头与胸部等宽或宽于胸；雄虫复眼长距离相接，雌虫两眼分离，复眼被密毛或裸；雄虫额具明显的可缩成一凹点或三角形的槽，雌虫额通常具3条纵沟，或触角基部上方明显凹陷；颜面在触角基部下方凹陷，黑色或金属绿色；触角第3节卵形，背芒着生在第3节基部，近乎裸；中胸背板近方形；腹部椭圆形或长卵形；足简单。

寄主与习性：幼虫腐食性。

天台长角蚜蝇 *Chrysotoxum tiantaiensis* Huo et Zheng　食蚜蝇科 Syrphidae

形态特征：雄虫体长10.0~12.0 mm，翅长12.0~14.0 mm，复眼近乎裸，被极稀疏的浅色毛，单眼三角黑色，被黑色毛；额黑亮，被浅色毛；触角黑色，触角芒橙黄色，端部暗褐色；中胸背板黑褐色；腹部长卵形，背面拱起，腹面黑色，具黄色斑；翅透明；足主要被黄色毛，长毛暗黑色，腿节黄褐色，胫节浅黄色，后足跗节黑色，被黑色短刺毛。

寄主与习性：幼虫捕食性。

黑带蚜蝇 *Episyrphus balteatus* (De Geer)　食蚜蝇科 Syrphidae

形态特征：成虫体长6.0~10.0 mm，体浅棕黄色，具黑横带(斑纹多变，冬季有几乎全黑的个体)；复眼红色；前胸背板黑色，具铜色光泽，中央及两侧具灰色纵条，两侧的较宽；第2腹节背板基部中央具黑斑，第2、3节背板后缘具黑带，第4节近后缘具黑带，第3、4节（有时包括第2节）亚基部具1条较短的黑横带，第5背板黑斑较小，呈倒"V"形，或扩大呈"工"字形。

寄主与习性：幼虫捕食桃蚜、落叶松球蚜等多种蚜虫，成虫访问荆条、绣线菊、萱草、紫穗槐等。

黑色斑眼食蚜蝇 *Eristalinus aeneus* (Scopoli)

食蚜蝇科 Syrphidae

形态特征： 成虫体长11.0~12.0 mm，体黑色，偶光亮；复眼黄色至黄白色，具较多红褐色至褐色斑，上半部常常相连成片，复眼仅上部被稀疏白毛；雄虫接眼，雌虫离眼；雌虫中胸背板具5条灰色纵条，较细，有时不甚明显；腹部无斑纹，密被红黄色至棕色毛。

寄主与习性： 幼虫腐食性，成虫访花。

钝黑离眼食蚜蝇 *Eristalinus sepulchralis* (Linnaeus)

食蚜蝇科 Syrphidae

形态特征： 成虫体长8.0~9.0 mm，复眼分离，普遍被毛；腹部可见不明显的毛斑，被白色毛；雌虫中胸背板具5条灰色纵条，较宽，中央的3条在端部(近小盾片处)常常相连；后足腿节和胫节黑色。

寄主与习性： 幼虫腐食性，成虫访问蒲公英、旋覆花等。

亮黑斑眼食蚜蝇 *Eristalinus tarsalis* (Macquart)　食蚜蝇科 Syrphidae

形态特征： 成虫体长9.0~13.0 mm，雄虫体亮黑色或蓝黑色；头顶亮黑色，被黑色毛；额覆淡色粉被，被长而密的黑色毛；颜覆黄灰色粉被和较长的黄色毛；复眼黄色或棕黄色，具密的紫色或黑色小斑；触角棕褐色；中胸背板黑色，除背板两侧覆灰色粉被外，具强烈光泽，无任何淡色斑纹；腹部基部较胸部宽，向尾端明显变狭，黑色；足黑色，腿节末端黄色，后足腿节腹面具黄色长毛，端部具小黑鬃。雌虫额中部具绒黑色横带，腹部第2~4背板各具灰粉被横带。

寄主与习性： 幼虫腐食性，成虫访问皱叶一枝黄花、泽兰等。

短腹管食蚜蝇 *Eristalis arbustorum* (Linnaeus)　食蚜蝇科 Syrphidae

形态特征： 成虫体长11.0~13.0 mm，复眼被棕色短毛；中胸背板黑色，隐约可见5个黑褐色斑，中间1个大，两侧各有2个；小盾片黄棕色，被同色毛；雄虫腹部第2节背面具近于“工”字形的黑斑，达前缘而后不达后缘，第3节黑色，前后缘黄白色，前缘带常波形，两侧稍宽大；雌虫腹部第2节黑斑较大，第3节黑色，前后缘黄白色，前缘窄；无黄斑，仅各节后缘黄白色。

寄主与习性： 幼虫腐食性，成虫访问三裂绣线菊等。

灰带管食蚜蝇 *Eristalis cerealis* Fabricius　食蚜蝇科 Syrphidae

形态特征：成虫体长12.0~14.0 mm，复眼密被短毛；中胸灰黑色，中前部及后缘各具1条灰粉色横带；腹部第2节背板具“工”字形黑斑，第3节具倒“T”形黑斑，第4、5节黑色，第2~4节后缘橙黄色，第3~5节中间具光亮的横带；前足胫节基半部黄色。

寄主与习性：幼虫腐食性，成虫访问三裂绣线菊、油菜、黄栌等。

长尾管蚜蝇 *Eristalis tenax* (Linnaeus)　食蚜蝇科 Syrphidae

形态特征：成虫体长11.0~15.0 mm，复眼被棕色短毛；中胸背板黑色，被淡棕色毛；小盾片黄色至黄棕色，被同色毛；腹部第2节具“工”字形黑斑，前部宽，达前缘，后端不达后缘，第3节具倒“T”形黑斑，不达后缘（雌虫第3节“工”字形，不达前后缘），第4、5节黑色；翅透明，翅痣下方具棕褐色至黑褐色斑。

寄主与习性：幼虫腐食性，成虫访问三裂绣线菊、蒲公英、照山白、油菜等。

库峪平颜蚜蝇 *Eumerus kuyuensis* Huo, Ren et Zheng　食蚜蝇科 Syrphidae

形态特征：雄虫体长5.0~6.0 mm，翅长5.0~6.0 mm，雌虫体长4.0~6.0 mm，翅长4.0~6.0 mm，雄虫头部半球形，宽于胸，头顶狭，黑亮，具钢蓝色光泽；复眼被黄褐色稀疏毛；颜面侧面观直；颊狭，被白色粉被及白色毛；触角橘红色，触角芒黑色，基部黄色；中胸背板长大于宽，被稀疏黄褐色毛；腹部长于头胸部之和，被暗黑色短毛；前足黑色，被毛黄白色，后足黑色，腿节不膨大，端部黄褐色。

寄主与习性：幼虫植食性。

大灰优食蚜蝇 *Eupeodes corollae* (Fabricius)　食蚜蝇科 Syrphidae

形态特征：成虫体长8.0~10.0 mm，胸背黑色，具铜色光泽，被黄色毛；小盾片暗黄色，被黄色毛；腹部第2节具1对黄斑，第3、4节黄斑分离或通过稍暗的黄斑相连，这些斑均伸达侧缘，第4节后缘黄色，第5节黄色。雌虫中央具大黑斑，雄虫无黑斑或仅具小黑点。

寄主与习性：幼虫捕食桃蚜、麦长管蚜等多种蚜虫，成虫访问芍药、刺儿菜等。

新月斑优蚜蝇 *Eupeodes luniger* (Meigen)　食蚜蝇科 Syrphidae

形态特征：成虫体长9.0~11.0 mm，头顶黑色，被黑色毛；雌虫离眼，雄虫接眼；额基部约1/3黑色；总体与大灰优食蚜蝇雌虫接近，但本种雌、雄腹部的3对黄斑均分离，外缘变细，不与腹侧相连，或仅前端相接；小盾片中部具黑色毛。

寄主与习性：幼虫捕食多种蚜虫，成虫访问桃、荠菜等。

连斑条胸食蚜蝇 *Helophilus continuus* Loew　食蚜蝇科 Syrphidae

形态特征：成虫体长11.0~13.0 mm；触角黑色，第3节近圆形；中胸背板黑色，具4条黄灰色纵宽纹，均匀地伸达后缘，被黄色毛；小盾片黄色，透明，被黄色毛；腹部背板第2、3节中央具相连的灰白色短粉斑，第4节具弯曲的近“W”形灰白纹；前足、中足腿节基半部黑色，端半部黄色，前足、后足胫节基半部黄色，端半部黑色，中足胫节黄色。

寄主与习性：成虫访问蒲公英、三裂绣线菊、菊等。

狭带条胸食蚜蝇 *Helophilus eristaloidea* (Bigot)　食蚜蝇科 Syrphidae

形态特征：成虫体长12.0~17.0 mm，体黑色；胸背密被黄色毛，中部具2条细纵黄色粉条，胸侧的2条较宽；腹部第2节背板两侧具黄色三角形斑，中间以黄粉带相连，或相连通，第3、4节中部具灰色横带；后足胫节较弯曲。雄虫两复眼相距较近，雌虫两复眼相距较远。

寄主与习性：幼虫取食腐殖质，成虫访问菊、甘菊等。

黄条条胸蚜蝇 *Helophilus trivittatus* (Fabricius)　食蚜蝇科 Syrphidae

形态特征：成虫体长10.0~13.0 mm，雌雄均离眼；头部颜正中具棕黄色纵条；中胸背板棕黄色，具3条黑色纵条；腹部第2、3背板各具1对黄色侧斑，第3节中央黄黑交界处具灰白色粉被，雌虫第4、5节具灰白色粉被斑，雄虫仅第4节具近“W”形粉被斑；后足黑色，腿节端部及胫节基部红黄色。

寄主与习性：幼虫腐食性。

狭腹毛管蚜蝇 *Mallota vilis* (Wiedemann)　食蚜蝇科 Syrphidae

形态特征： 成虫体长12.0~14.0 mm，头顶三角黑色，被同色毛；后头覆黄褐色粉被及同色毛；额黑色；颜红黄色，密覆同色粉被及毛；颊红黄色；复眼被毛，雄虫两眼长距离相接；触角红褐色，触角芒同色，长而裸；中胸背板黑色，覆褐色粉被；腹部黑色，具黄色横带，被毛短，各节基部毛黄色，端部毛黑色；翅透明；足红黄色，后足腿节粗大，红褐色，各足胫节红褐色，外侧黑褐色或具不明显暗斑。

寄主与习性： 幼虫腐食性。

黄绿毛管蚜蝇 *Mallota viridiflavescentis* Huo et Ren　食蚜蝇科 Syrphidae

形态特征： 雄虫体长14.0~15.0 mm，翅长12.0~13.0 mm，头部宽于胸；复眼密被褐色毛，接眼；头顶黑色，前端覆黄粉；额黑色，密被灰白色粉及黄绿色长毛；颜面在额突之下深凹；颊部黑色，覆灰白色粉及黄绿色长毛；触角黑褐色，触角芒长而裸，黄褐色；中胸背板黑色；腹部宽于胸；翅透明，翅痣黑褐色；足主要黑色，跗节黄褐色。雌虫头顶、额黑色，被黄绿色毛；中胸背板在翅后胛之间只有少量短黑毛，腹部黄斑较雄虫少，足主要被黄绿色毛。

寄主与习性： 幼虫腐食性。

东方墨蚜蝇 *Melanostoma orientale* (Wiedemann)　食蚜蝇科 Syrphidae

形态特征：成虫体长5.0~8.0 mm，头顶和额亮黑色；颜黑色，除中突外皆被灰色粉被；触角淡黑色，第3节下侧褐黄色；腹部黑色，略具光泽，第2~4节各具1对橘黄色斑；足橘黄色，雄虫前足腿节基半部、后足腿节整个黑色，后足胫节中部有宽的淡黑色中带，跗节上侧色深；雌虫足全黄色，后足胫节具1条不明显的淡褐色中带，跗节上侧色深。

寄主与习性：幼虫捕食棉蚜等多种蚜虫，成虫访花。

黄缘斜环蚜蝇 *Palumbia nova* (Hull)　食蚜蝇科 Syrphidae

形态特征：成虫体长10.0~11.0 mm，雄虫头部略宽于胸；复眼裸，两眼短距离相接；头顶三角狭长，黑色，稀疏地被褐色毛；额中央具纵沟，背面黑褐色，光亮；颜面黄褐色，在额突之下凹入；触角黄褐色，触角芒长而裸，黄褐色；中胸背板黑色，密被褐色粉被；腹部黑色，被毛短；翅面具微毛；足黄色或黄褐色，主要被黄色短毛。

寄主与习性：幼虫腐食性。

刻点小食蚜蝇 *Paragus tibialis* (Fallén)

食蚜蝇科 Syrphidae

形态特征：成虫体长4.0~6.0 mm，体黑色；额及颜面淡黄色；触角第3节长于前2节之和，触角芒长与第3节相近；雄虫腹部第3节以后棕红色（个别第4节大部黑色），雌虫黑色；足大部棕色，腿节基部1/3以上黑色（后足腿节黑色区较大，可达3/4长），腿节端部和胫节基部淡黄色。

寄主与习性：幼虫捕食多种蚜虫，成虫访问旋覆花、紫菀、蛇莓等。

羽芒宽盾食蚜蝇 *Phytomia zonata* (Fabricius)

食蚜蝇科 Syrphidae

形态特征：成虫体长12.0~15.0 mm，体黑色，粗壮；头部覆淡色粉被及黄色毛；雄虫接眼，雌虫离眼，复眼具浅灰色条纹；第1腹板黑色，第2背板大，红黄色，端部棕黑色，有时正中具稍暗纵条纹，第3、4腹板黑色，前缘具窄棕黄色横带。

寄主与习性：幼虫腐食性，成虫访问紫菀、皱叶一枝黄花、菊、菟丝子等。

印度细腹蚜蝇 *Sphaerophoria Indiana* Bigot 食蚜蝇科 Syrphidae

形态特征：成虫体长6.0~7.0 mm，雄虫头顶三角黑色，被淡色长毛，额黄色，雌虫头顶橄榄棕色，额正中黑条不达触角基部；颜黄白色，中突黄色；触角黄色，端部淡棕色；中胸背板两侧黄色纵条自肩胛直达小盾片基部；腹部较短，雄虫通常仅基部两节黑带明显，其余黄色，雌虫第2~4节背板黑色具黄色宽横带，第5~6背板各具黄斑；翅略染烟色；足颜色变化大，或全黄色，或基节、转节及腿节棕黑色至黑色。

寄主与习性：幼虫捕食麦长管蚜等多种蚜虫，成虫访问山桃树、枣树、紫菀、菊等。

连斑斑胸蚜蝇 *Spilomyia panfilovi* Zimina 食蚜蝇科 Syrphidae

形态特征：雌虫体长15.0~16.0 mm，翅长13.0~15.0 mm；雌虫复眼裸，具不规则条纹和斑点；头顶狭，黑色；单眼三角隆起；额黄色，额突明显；颜面及颊部黄色；触角黄褐色，触角芒黄色，裸；中胸背板长大于宽，拱起，黑色；腹部大，拱起，长椭圆形，明显具边；翅面具微毛；前足橘黄色，腿节端部橘红色。

寄主与习性：幼虫腐食性。

黄环粗股食蚜蝇 *Syritta pipiens* (Linnaeus)　食蚜蝇科 Syrphidae

形态特征：成虫体长7.0~8.0 mm，体黑色，较细长，具淡棕色与灰白色斑；雌虫离眼，雄虫接眼；腹部背面具3对灰白色斑；后足腿节粗大，内缘端半部具黑色短刺，腿节基部红棕色或黑色，中部具大小不等的红棕色斑。

寄主与习性：幼虫捕食多种蚜虫，成虫访问芫荽、三裂绣线菊、紫苏、菊等。

黄额蚜蝇 *Syrphus aurifrontus* sp.nov.　食蚜蝇科 Syrphidae

形态特征：成虫体长10.0~11.0 mm，翅长7.0~8.0 mm，雄虫头部宽于胸，头顶黑色，被黑色毛；复眼被稀疏微毛；额黄色，被黄色粉；颜面和颊部黄色；触角黄褐色，触角芒裸；中胸背板黑色；腹部黑色，宽卵形；翅透明，被微毛，翅痣黄褐色；足红黄色，被黄色毛。

寄主与习性：幼虫捕食多种蚜虫。

黄颜食蚜蝇 *Syrphus ribesii* (Linnaeus)

食蚜蝇科 Syrphidae

形态特征：成虫体长9.0~13.0 mm，头顶黑色；复眼无毛，雌虫离眼，雄虫接眼；额淡黄色；触角上方具黑斑；小盾片黄色；足棕黄色，基节、转节、腿节基部及后足跗节背面黑褐色，前、中足跗节的端半部褐色。

寄主与习性：幼虫捕食多种蚜虫，成虫访问华北蓝盆花、地榆等。

短腹蜂蚜蝇 *Volucella* sp. Bigot

食蚜蝇科 Syrphidae

形态特征：成虫体长9.0~13.0 mm，体密被金黄色绒毛；颜面黑亮，稍向前突出，毛很短而不明显；腹部短卵形，拱起。

寄主与习性：腐食性，取食已死或将死的蜂幼虫及蛹。

褐线黄斑蚜蝇 *Xanthogramma coreanum* Shiraki　　食蚜蝇科 Syrphidae

形态特征：雄虫体长8.0~12.0 mm，翅长7.0~10.0 mm，雌虫体长9.0~10.0 mm，翅长8.0~9.0 mm；头顶三角黑色，被黑色毛；雄虫复眼裸；额亮黄色，被黑色毛；颜面狭，亮黄色；触角橘黄色，触角芒基部较粗，橘黄色；胸部背板黑亮；腹部卵形，明显具边；翅透明，被微毛；各足基节、转节黑色，被黑色毛。

寄主与习性：幼虫捕食多种蚜虫。

大头金蝇 *Chrysomyia megacephala* (Fabricius)　　丽蝇科 Calliphoridae

又名大头丽蝇。

形态特征：雄虫体长9.0~11.0 mm，雌虫体长9.0~10.0 mm，复眼鲜红色，两眼前缘合生；额狭似线；触角橘黄色，触角芒具黑色毛；胸部呈金属绿色，有铜色反光及蓝色光泽；腹部绿蓝色，铜色光泽明显；翅透明，翅脉棕色，具暗棕色至棕黑色缘；足棕色或棕黑色。雌虫在额部的眼前缘稍微向内凹入。

寄主与习性：幼虫主要滋生于粪池等稀粪便中，成虫粪食性，同时亦极嗜甜性物质。

蟾蜍绿蝇 *Lucilia bufonivora* (Moniez)

丽蝇科 Calliphoridae

形态特征：成虫体长6.0~10.0 mm，体暗铜绿色；触角黑色，第3节暗灰色；下颚须黄棕色(端部暗色)；腹部第3、4节背板无暗色后缘带；足黑色。

寄主与习性：幼虫寄生于蟾蜍等两栖类动物，可致寄主死亡，成虫访花。

丝光绿蝇 *Lucilia sericata* (Meigen)

丽蝇科 Calliphoridae

形态特征：雄虫体长5.0~9.0 mm，雌虫体长5.0~10.0 mm，额较宽，颜面暗棕色，略覆粉被；触角带黑色，触角芒暗且长羽状毛一直达末端；胸部呈金属绿色或蓝色带有彩虹色；足黑色，有时前足股节有绿色，后足胫节具1列短的前背鬃。

寄主与习性：幼虫滋生于动物尸体、垃圾和粪便中，成虫常活动在森林中。

蓝翠蝇 *Neomyia* (*Orthellia*) *timorensis* (Robineau-Desvoidy) 丽蝇科 Calliphoridae

形态特征：成虫体长7.0~8.0 mm，体蓝紫色，具光泽；雄虫头宽大于胸宽；复眼上半部小眼面扩大；触角、颜和颊黑色；雄虫额等于触角宽的1/6~1/4，在最狭处间额消失，雌虫间额为侧额宽的4倍；具沟前鬃和肩后鬃，无前中鬃；前缘基鳞黑色。

寄主与习性：幼虫滋生于动物尸体、垃圾、粪便中，成虫常活动在森林中。

不显口鼻蝇 *Stomorhina obsoleta* (Wiedemann) 丽蝇科 Calliphoridae

形态特征：成虫体长6.1~11.0 mm，头部具暗绿色横纹，口器能自由伸缩，以舔吸的方式取食；口吻如鼻外露而长，端部具绒毛；复眼黄绿色，具绿色或褐色条纹；触角跗节羽毛状；胸部背板灰蓝色具椭圆形的刻点，背面无毛，具3条黑色纵纹；翅背灰褐色；各足腿节蓝色，胫节橙黄色。

寄主与习性：成虫访问月季、菊花等。

丽蝇科 Calliphoridae（未定种）

丽蝇科 Calliphoridae

形态特征：成虫体长9.1~13.0 mm，常具蓝绿色光泽或淡色粉被；雄虫接眼，雌虫离眼；触角芒羽状或栉状；前胸侧板和腹板具毛，最后的肩后鬃在缝前鬃的前面，中侧片和下侧片的鬃排列成行，腹侧片鬃前面2根，后面1根；腹部短阔，末端有粗毛或鬃；雄虫第5腹板后缘分裂；前翅M1急剧向前弯曲，使R4+5室端部变窄或闭室。

寄主与习性：幼虫滋生于动物尸体、腐肉、粪便中。

黄带眼蝇 *Conops flavipes* Linnaeus

眼蝇科 Conopidae

形态特征：成虫体长11.0~13.0 mm，体黑色；头大部分橘黄色；颜背黑褐色；触角膝状，触角芒位于触角第3节端部，第3节长约为第2节的2/3；侧额无黑斑；喙长明显大于头长；中胸肩胛黄色；小盾片红褐色至黄褐色，基部黑褐色；腹部第2~4节后缘具黄色横带；前翅褐色，前半部颜色更深。

寄主与习性：成虫访问皱叶一枝黄花、加拿大一枝黄花等。

丽森眼蝇 *Conops licenti* Chen

眼蝇科 Conopidae

形态特征：成虫体长11.0~12.0 mm，体黑褐色至黑色；头大部分橘黄色；颜背基部黑褐色；中胸肩胛黄色；小盾片红褐色至黄褐色，端部稍浅；腹部第2节后缘具黄色横带，第3节后缘两侧具黄色斑；前翅褐色，前半部颜色更深。

寄主与习性：幼虫寄生于熊蜂等，成虫拟态蜂类，访问皱叶一枝黄花、加拿大一枝黄花等。

尾蜂眼蝇 *Thecophora* sp.

眼蝇科 Conopidae

形态特征：成虫体长4.0~5.0 mm，体黑色；头黄白色，头顶及额的上部深红棕色；复眼红棕色；触角第2节具小刚毛，长于第3节，触角芒着生于第3节背面；足腿节黑色，后足腿节基半部红棕色，胫节暗褐色，基半部色浅。

寄主与习性：寄生于隧蜂科昆虫。

黑尾蜂眼蝇 *Thecophora* sp.　　眼蝇科 Conopidae

形态特征：成虫体长4.0~5.0 mm，体黑色；头黄色，头顶及额的上部深红棕色；复眼红棕色；触角第2节具小刚毛，长度不长于第3节，触角芒着生于第3节背面；足腿节黑色，两端黄色，胫节黑色，但基部约1/2黄棕色，跗节基部第2、3节黄棕色，其余黑褐色。

寄主与习性：不详。

金光小寄蝇 *Bactromyia aurulenta* (Meigen)　　寄蝇科 Tachinidae

形态特征：成虫体长3.0~5.0 mm，复眼裸；额宽为复眼宽的3/4；触角及下颚须黑色，触角芒基部1/2加粗；胸部黑色，覆灰黑色粉；腹部黑色，覆灰黑色粉，第3~5节背板具1条狭窄的黑色横带；小盾片微黄色；足全黑色。

寄主与习性：寄生于卫矛巢蛾、舟蛾、苹果巢蛾等鳞翅目昆虫。

须巨瓣寄蝇 *Calyptromyia yiabarbata* Villeneuve　寄蝇科 Tachinidae

形态特征：成虫体长9.0~17.0 mm，体黑色；复眼裸，红色；触角及下颚须黑色；胸部黑色，被稀疏的黑毛；腹部黑色，纺锤形，被稀疏的黑毛；翅透明，达腹部末端；足腿节黑色，胫节褐色，均被毛。

寄主与习性：不详。

尖音狭额寄蝇 *Carcelia bombylans* Robineau-Desvoidy　寄蝇科 Tachinidae

形态特征：成虫体长8.0~10.0 mm，体黑色，全身覆灰白色粉被，被黑色毛；后头被淡黄白色毛；间额、触角、翅肩鳞、足跗节及腿节黑色；下颚须、足胫节、前缘脉基鳞、口上片、肩胛、翅后胛、小盾片黄色；盾片背面具5条黑纵条；腹部两侧具暗黄色斑，背面中部具明显的黑纵线，沿第3、4背板后缘具黑横带纹；下腋瓣白色。

寄主与习性：寄生于黄褐天幕毛虫、黄腹灯蛾等鳞翅目昆虫。

隔离狭额寄蝇 *Carcelia excisa* (Fallén) 寄蝇科 Tachinidae

又名隔离狭颊寄蝇。

形态特征：成虫体长5.0~10.0 mm，头部覆浓厚的黄色粉被；雄虫额宽为复眼宽的1/2，额鬃下降至触角芒着生处之水平；腹部覆浓厚而均匀的黄褐色粉被，各背板后缘无黑色横带。

寄主与习性：寄生于天幕毛虫、丁香天蛾、舞毒蛾等多种鳞翅目昆虫。

格纳狭颜寄蝇 *Carcelia gnava* (Meigen) 寄蝇科 Tachinidae

形态特征：成虫体长10.0~12.0 mm，体黑色，全身覆灰白色粉被，被黑色毛；间额、触角、侧颜、翅肩鳞、足跗节及腿节黑色；下颚须、前缘脉基鳞、口上片、小盾片、肩胛、翅后胛黄色；盾片背面具5条黑纵条；腹部两侧具大黄色斑，背面中部具明显黑纵线，沿第3、4背板后缘黑色横带纹狭窄，下腋瓣淡白色；足胫节黄色，两端腹面黑色。

寄主与习性：不详。

狭颊寄蝇 *Carcelia* sp.

寄蝇科 Tachinidae

形态特征：成虫体长10.0~19.0 mm，头部覆金黄色粉被，后头被黄色毛；复眼裸，单眼鬃细小，毛状；额鬃较短；触角第1、2节黄色，第3节黑色；胸部黑色，覆稀薄的灰色粉被及浓密的细小黑色毛，背面具4条狭窄的黑色纵纹；小盾片暗黄色；足黑色，后足胫节的前背鬃长短一致。

寄主与习性：寄生于柞蚕、天幕毛虫、舞毒蛾等鳞翅目昆虫。

腹长足寄蝇 *Dexia ventralis* Aldrich

寄蝇科 Tachinidae

形态特征：成虫体长7.0~9.0 mm，雄虫额宽约为复眼宽的1/3，间额褐色至黑褐色，雌虫额宽约等于复眼宽；触角、触角芒黄色，触角芒长羽状，长于触角；中足腿节中部前面具1根鬃。

寄主与习性：寄生于丽金龟的幼虫。

天蛾赘寄蝇 *Drino hersei* Liang et Chao

寄蝇科 Tachinidae

形态特征：成虫体长8.0~11.0 mm，体黑色，覆灰白色粉被；下颚须、足、翅肩鳞、前缘基鳞、肩胛黑色；小盾片端部、翅后胛、口上片黄色；中胸盾片具5条黑纵条，中间1条在盾沟前消失；腹部第3、4背板后缘具黑色横带纹，背面中央具明显的黑中线。

寄主与习性：寄生于白薯天蛾、灰天蛾等鳞翅目昆虫。

宽翅异颜寄蝇 *Ectophasia crassipennis* (Fabricius)

寄蝇科 Tachinidae

形态特征：成虫体长9.0~16.0 mm，头部侧额上半部黑色，其余棕黄色，覆金黄色粉被；复眼红色；胸部黑色或黑褐色，覆灰黄色或金黄色粉被，具黑色纵条带；小盾片黄色，其余色深；腹部橘黄色，具黑斑；翅半透明，翅痣黑色；足腿节棕黄色，胫节褐色，跗节黑褐色至黑色。

寄主与习性：不详。

圆腹异突颜寄蝇 *Ectophasia rotundiventris* (Loew)　寄蝇科 Tachinidae

形态特征：成虫体长8.0~11.0 mm，头部侧额上半部黑色，其余棕黄色，覆金黄色粉被；胸部黑褐色，覆灰黄色或金黄色粉被；小盾片基部黑色或黑褐色，端部黄色；腹部橘黄色，第4、5节具黑斑，有时黑斑会扩大。

寄主与习性：幼虫寄生于同蝽科和蝽科昆虫，成虫访问三裂绣线菊、短毛独活等。

条纹追寄蝇 *Exorista fasciata* Fallén　寄蝇科 Tachinidae

形态特征：成虫体长10.0~15.0 mm，体黑色，覆稀薄的灰白粉被；复眼裸；额鬃有5~6根下降至侧颜；颊被粗大黑毛；下颚须暗黄色，端部不加粗；触角黑色；胸背面具5条黑色纵条，中间1条不明显或在盾沟前消失；腹部黑色，第3~5背板基部2/3覆灰白色粉被；翅灰色半透明，前缘脉不发达；足黑色。

寄主与习性：寄生于松毛虫、灯蛾、尺蠖等鳞翅目昆虫。

日本追寄蝇 *Exorista japonica* (Townsond)　寄蝇科 Tachinidae

形态特征： 成虫体长6.0~13.0 mm，头顶及侧额覆金黄色(雄)或灰黄色粉被(雌)；侧额被稀疏短毛，其分布不下降至侧颜；复眼裸；前缘脉刺发达，其长度大于径中横脉。雄虫肛尾叶狭长，末端呈梭镖形。

寄主与习性： 寄生于黏虫、斜纹夜蛾、玉米螟等鳞翅目昆虫。

普通膜腹寄蝇 *Gymnosoma rotundatum* (Linnaeus)　寄蝇科 Tachinidae

形态特征： 成虫体长6.0~10.0 mm，头部及中胸前盾片覆金黄色粉被；中胸前盾片具4条褐色纵条斑，中间2条细长，两侧2条粗短；小盾片黑色，后端常浅色；腹基部黑色，中间后突，第3、4背板中央各具1个圆形或椭圆形黑斑；翅淡烟色，基部橘黄色。

寄主与习性： 寄生于蝽类。

杂色美根寄蝇 *Meigenia dorsalis* (Meigen)　寄蝇科 Tachinidae

形态特征：成虫体长5.0~6.0 mm，头部较宽；额黑色，突出，覆浓厚灰白色粉被；复眼裸；触角黑色，触角芒细长；中颜板明显凹陷；胸部黑色，具3条黑色纵条，中间1条较宽，覆灰白色粉被，前胸侧板中央凹陷，被毛；腹部黑色，覆黄灰色粉被；翅淡灰色，透明，翅脉淡黄色，肩鳞和前缘脉基鳞黑色；足黑色。

寄主与习性：寄生于东方油菜叶甲。

松毛虫华丽寄蝇 *Mikia magnifica* Walker　寄蝇科 Tachinidae

形态特征：成虫体长14.0~20.0 mm，体灰黑色；头部覆金黄色粉被；复眼裸；触角棕黄色，第2节长于第3节；下颚须黄色，左右扁平；胸部黑色；肩胛、背片两侧缘和小盾片暗黄色；腹部背面棕红色，光亮，沿第2~4背板的背中线具1条长三角形黑条，沿第3~5背板基部两侧覆极稀薄的银白色粉被；翅基部1/3杏黄色，端部 2/3暗黑色，翅肩鳞和前缘脉基鳞棕黄色；足黑色，胫节暗黄色。

寄主与习性：寄生于松毛虫。

毛瓣寄蝇 1 *Nemoraea* sp. 1　寄蝇科 Tachinidae

形态特征：成虫体长7.0~12.0 mm，体黑色；颜面具颜脊，下侧颜宽，约为复眼直径的一半；复眼被密毛；下颚须宽，背腹扁平，背面被刺状毛；腹部背腹面和小盾片背面无刺状鬃。

寄主与习性：常活动于灌木丛、草丛中。

毛瓣寄蝇 2 *Nemoraea* sp. 2　寄蝇科 Tachinidae

形态特征：成虫体长5.0~10.0 mm，体棕灰色，颜面具颜脊，下侧颜宽，约为复眼直径的一半；复眼被密毛；下颚须宽，背腹扁平，背面被刺状毛；腹部背腹面和小盾片背面无刺状鬃；翅棕色，半透明；足黑色，被毛。

寄主与习性：常活动于灌木丛、草丛中。

松毛虫小盾寄蝇 *Nemosturmia amoena* Meigen

寄蝇科 Tachinidae

形态特征：成虫体长9.0~14.0 mm，体黑色，覆灰白色粉被；雄虫额宽为复眼宽的1/3，雌虫额与复眼大致等宽；触角黑色，第3节基部和内侧中部棕红色，第2节约为第3节长度的2/3；胸部黑色，覆稀薄的灰白色粉被；小盾片及腹部两侧棕黄色；翅基鳞和前缘脉基鳞黑色；足黑色，雄虫前足爪及爪垫的长度相当于第4和第5跗节长度的总和，雌虫短。

寄主与习性：寄生于天幕毛虫、小天蚕蛾、松毛虫等鳞翅目昆虫。

黏虫长须寄蝇 *Peleteria iavana* (Wiedemann)

寄蝇科 Tachinidae

形态特征：成虫体长8.0~13.0 mm，间额红褐色，两侧缘向头顶显著缢缩；触角基2节红褐色，端节及触角芒黑色；小盾片中部具1组直立的钉状鬃，其中1对较粗大；雄虫前足爪长为第5跗节长的1.7倍，雌虫则长度相近。

寄主与习性：幼虫寄生于黏虫、松毛虫等鳞翅目昆虫，成虫访问薄荷、旋覆花等。

双带蝽寄蝇 *Pentatomophaga latifascia* (Villeneuve)　寄蝇科 Tachinidae

形态特征：成虫体长6.0~7.0 mm，体黑色；头部侧额覆金黄色粉被；侧颜灰白色；胸部具2条金黄色横带，其中前1条伸达侧缘；腹部红棕色，或各腹节具或大或小的黑褐色后缘；前翅烟褐色；足黑色，腿节基部及转节红棕色。

寄主与习性：幼虫寄生于双带蝽、茶翅蝽等蝽类，成虫访问皱叶一枝黄花等。

金龟长喙寄蝇 *Prosena siberita* (Fabricius)　寄蝇科 Tachinidae

形态特征：成虫体长8.0~10.0 mm，头部覆白色毛和粉被；雄虫额宽约为头宽的1/4，雌虫约为1/3；触角红黄色，触角芒羽状；中颜板具颜脊；喙细长；下颚须黄色，短，呈叶状；胸部黑褐色，具淡黄色粉被；腹部黄色，覆黄白色粉被，除腹面基部及两侧具白色毛外，其余部分全部为黑色毛，沿背中线具黑纵条；翅透明；足细长，腿节、胫节黄色，跗节黑色。

寄主与习性：幼虫寄生于铜绿丽金龟、华北大黑鳃金龟等幼虫，成虫访问菊花、皱叶一枝黄花、旋覆花等。

火红绒毛寄蝇 *Servillia ardens* Zimin　寄蝇科 Tachinidae

又名火红寄蝇。

形态特征：成虫体长14.0~19.0 mm，头部覆金黄色粉被；单眼鬃发达，眼后鬃粗短，单眼后鬃毛状；触角基部2节棕黄色，第3节黑色；胸部暗黑色，背面具4条黑色纵线；小盾片棕黄色，每侧各具4根缘鬃；腹部暗黑色，两侧和后端具棕红色绒毛，两侧具发达的棕黄色花纹；翅灰色透明，第4、5径脉有5~8根小鬃，占基部脉段长度的1/4；足腿节黑色，腿节顶端、胫节及跗节棕黄色。

寄主与习性：寄生于落叶松毛虫。

怒寄蝇 *Tachina* (*Tachina*) *nupta* (Rondani)　寄蝇科 Tachinidae

形态特征：成虫体长9.0~15.0 mm，头间额红褐色，其他被黄色粉和金黄色毛；复眼内侧具1~2根外侧额鬃，额鬃有2~3根下降至侧颜，排成伸向复眼的斜线；触角红褐色，端节端大部黑褐色；胸部黑色，两侧及小盾片红黄色，整个胸部被灰色粉被，具4条黑纵条；腹背红黄色，中央具黑色纵条，基部向端部变窄，伸达第5腹节背板的中部，有时纵条缩减，仅达第3腹节中部。

寄主与习性：幼虫寄生于蝶、蛾类的幼虫，成虫访问皱叶一枝黄花等。

巨型柔寄蝇 *Thelaira macropus* (Wiedemann)　寄蝇科 Tachinidae

形态特征：成虫体长10.0~13.0 mm，雄虫间额黑色，两侧缘近于平行，或头顶处稍加宽，或在前缘处稍加宽；触角黑色，细长，第3节为第2节长的2.5倍，触角芒长，羽毛状，黑色，基部1/3加粗；中足胫节中部具2根背前鬃，前足爪长于第4与第5跗节之和。

寄主与习性：常于芝麻、藜等植物叶片上停息，数量较多。

夜蛾土蓝寄蝇 *Turanogonia chinensis* Wiedemann　寄蝇科 Tachinidae

形态特征：成虫体长12.0~13.0 mm，头部覆金黄色粉被；复眼裸；颊被淡黄色毛；侧颜被黑白杂毛；侧额被黑色毛，具2行内侧额鬃和1行外侧额鬃；下颚须黄色，触角第1、2节黄色，第3节黑色，第3节为第2节长的5~6倍，触角芒呈膝状弯曲；胸部覆黄褐色粉被，背面被黑色和黄色毛，两侧被黄色绵毛；腹部黄色，覆灰黄色粉被；翅肩鳞暗黄色，前缘基鳞淡黄色；足基节、转节和跗节黄色，腿节黑色，中足胫节具3~4根前背鬃。

寄主与习性：寄生于黏虫、地老虎等鳞翅目昆虫。

灿烂温寄蝇 *Winthemia venusta* (Meigen)　　寄蝇科 Tachinidae

形态特征：成虫体长6.0~9.0 mm，额宽小于复眼宽，每侧各具2根外侧额鬃，侧额及侧颜覆金黄色粉被；颜及颊覆黄灰色粉被；触角黑色，第2节与第3节毗连部分棕红色，第3节为第2节长度的2倍；腹部黑色，宽卵形，第3、4背板两侧具暗黄色小斑，第5背板具红黄色后缘，整个腹板覆浓厚的银灰色粉被，各背板腹面靠近内缘的部分被较浓密的长毛；足全部黑色。

寄主与习性：寄生于枯叶夜蛾、艳叶夜蛾等鳞翅目昆虫。

东北广口蝇 *Platystoma mandschuricum* Enderlein　　广口蝇科 Platystomatidae

形态特征：成虫体长5.0~8.0 mm，体黑褐色至黑色；中胸盾片、小盾片及腹背散布很多灰白色斑点；前翅黑色，具许多透明斑，翅尖端具1个透明斑。

寄主与习性：幼虫取食腐败的植物。

杨柳拟植潜蝇 *Aulagromyza populi* (Kaltenbach)　　潜蝇科 Agromyzidae

形态特征：雌虫体长1.0~2.0 mm，体鲜黄色；额宽于复眼；复眼、触角芒基部紫黑色；中胸具“M”形大黑斑，似由2对黑斑组成；腹侧片大部、中胸后背片、产卵器黑色。

寄主与习性：在杨、柳等树叶的上表皮潜叶。

豌豆潜叶蝇 *Phytomyza horticola* Goureau　　潜蝇科 Agromyzidae

又名菊潜叶蝇、豌豆植潜蝇。

形态特征：成虫体长2.0~3.0 mm，翅展5.0~7.0 mm，体暗灰色；头部淡黄色，短而宽；复眼红褐色，椭圆形；触角黑色，短小，3节；胸部发达；翅1对，透明，具紫色光泽，后翅退化为平衡棒，黄色至橙黄色。

寄主与习性：在十字花科、豆科、菊科等植物上表皮或下表皮潜道。

棕尾别麻蝇 *Boettcherisca peregrina* (Robineau-Desvoidy) 麻蝇科 Sarcophagidae

形态特征：成虫体长7.0~12.0 mm，体灰褐色；颊部后方1/2长度内具白色毛；胸背具3条黑色纵条，两侧各具1条较细纵条，前胸侧板中央凹陷处具不特别密的黑色纤毛，有时仅1或2根；前后翅中室各具1个眼斑。雌虫前翅眼斑较小，不明显；后翅眼斑较明显。雄虫前翅外缘的眼斑下边较宽，前翅中室眼斑明显；后翅具1大块灰褐色斑，仅留1条外缘白色带。

寄主与习性：幼虫主要滋生于动物尸体等腐殖质中。

银额麻蝇 *Phaonia argentifrons* Xue, Chen et Liang 麻蝇科 Sarcophagidae

形态特征：雌虫体长5.0~8.0 mm，额银白色突起；复眼裸；触角芒基部2/3加粗；中胸背片具条纹；腹部黑色，具黑白相间的方格花纹，被黑色鬃；足黑色，具突刺。

寄主与习性：幼虫主要滋生于动物尸体等腐殖质中。

麻蝇科 Sarcophagidae（未定种）

麻蝇科 Sarcophagidae

形态特征：成虫体长6.0~13.0 mm，复眼裸；触角芒基半部羽状；下侧片鬃列发达，翅侧片具鬃毛；胸部侧面观其外方的肩后鬃的位置比沟前鬃高，至少在同一水平上；腹部常具银色或带金色的粉被条斑；翅M2+3脉在末端常呈角状向前弯曲，有时具赘脉，R5室开放，少数具柄。

寄主与习性：常活动于林地或水边的草丛。

横带花蝇 *Anthomyia illocata* Walker

花蝇科 Anthomyiidae

形态特征：成虫体长5.0~7.0 mm，体灰白色；复眼红色，雄虫接眼，雌虫离眼；中胸前缘、近中部及小盾片基部具褐色至黑褐色横带；腹节基部具同样颜色的横带；足黑褐色或黑色。

寄主与习性：幼虫滋生于腐败的动物毛、骨、皮堆及禽粪中。

种蝇 *Delia platura* (Meigen)

花蝇科 Anthomyiidae

形态特征：成虫体长4.0~7.0 mm，体暗黄色或暗褐色；两复眼几乎相连；触角黑色；胸部背面具3条黑纵纹；腹部背面中央具1条黑纵纹，各腹节间具1条黑色横纹。雄虫稍小。雌虫灰色至黄色，两复眼间距为头宽的1/3；前翅基背鬃同雄虫，后足胫节无雄虫的特征；腹背中央纵纹不明显。

寄主与习性：幼虫取食十字花科、禾本科、葫芦科等多种植物的种子和幼苗的根。

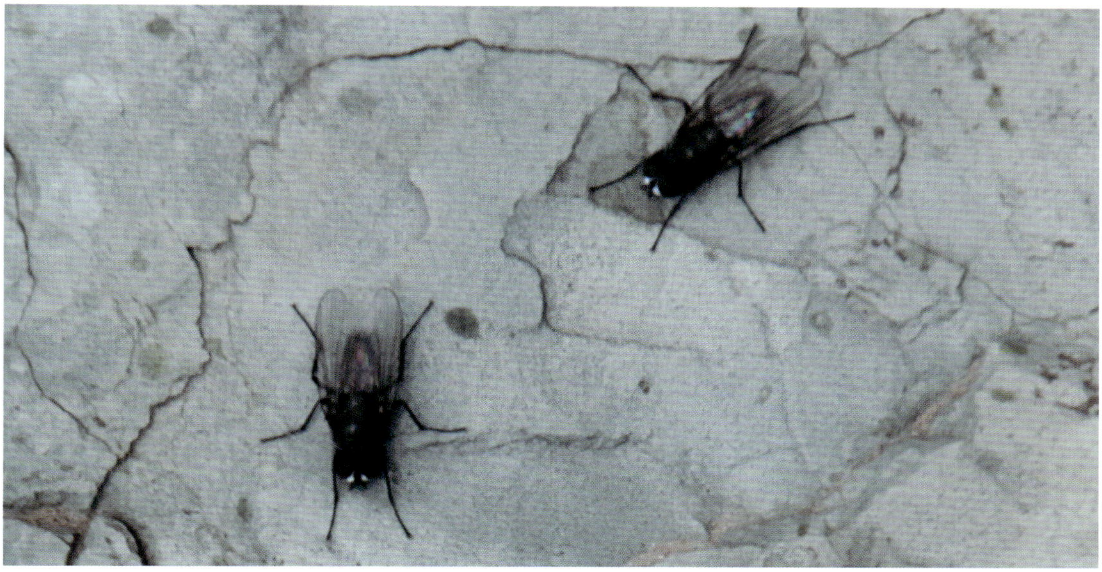

藜泉蝇 *Pegomya exilis* (Meigen)

花蝇科 Anthomyiidae

形态特征：成虫体长4.0~7.0 mm，体灰白色；复眼分离；额宽大于复眼宽，额间橙色；触角基部2节黄色，端节黑色，端节长约是宽的2倍，为第2节长的1.67倍，触角芒几乎裸，基部1/4增粗；足黄色，跗节黑色，前足腿节后背方具暗色纵带。

寄主与习性：幼虫取食藜等植物。

中华溜蝇 *Lispe sinica* Henning　蝇科 Muscidae

形态特征：成虫体长4.0~6.0 mm，触角除第2节端部和第3节基部带黄色外其余皆黑色；下颚须末端呈匙形膨大；腹部亮黑，雄虫第1、2愈合的背板及第3背板两侧具相连的白色粉被斑，第4、5背板前缘各具1对白色粉斑；雌虫第1、2愈合的背板及第3背板两侧具相连的白色粉被斑，第4、5背板各具1对白色粉被侧斑。

寄主与习性：常活动于水洼等积水的地方。

家蝇 *Musca domestica* Linnaeus　蝇科 Muscidae

形态特征：成虫体长6.0~8.0 mm，体灰黑色；复眼红褐色，无毛，雄虫两复眼相距较近，雌蝇的较远；中胸盾片具4条黑色纵条。

寄主与习性：常活动于垃圾附近。

紫翠蝇 *Neomyia gavisa* (Walker)　　蝇科 Muscidae

形态特征：成虫体长8.0~10.0 mm，体紫蓝色，发亮；雄虫额小于触角宽；触角第3节黑色；腹侧片鬃0:1；翅基在肩横脉周围有暗色晕，M1+2脉末端呈弧形弯曲。

寄主与习性：不详。

斑蹠黑蝇 *Ophyra chalcogaster* (Wiedemann)　　蝇科 Muscidae

形态特征：成虫体长5.0~7.0 mm，体亮黑色；雄虫额狭；两复眼几乎相接，复眼侧观后缘中部平直或稍凸出，下凹入；两触角上方的新月片具银白色粉被；前足腹面各腹节末端黄白色，有时背面也可见；雌虫离眼，额中间的三角黑斑向前伸展，至少超过额长的中部。

寄主与习性：幼虫滋生于动物粪便及腐败的动植物中。

圆蝇 *Mydaea* sp.　　蝇科 Muscidae

形态特征：成虫体长6.0~9.0 mm，体棕黄色，复眼红色，无毛；胸部棕褐色，具2条纵条带，前胸基腹片无毛；小盾片黄褐色；腹部中央常具1条纵条，具闪烁的粉被斑；第3、4背板无固定的成对点斑；翅烟色，半透明；足全黑色。

寄主与习性：不详。

棘蝇 *Phaonia* sp.　　蝇科 Muscidae

形态特征：成虫体长5.0~9.0 mm，复眼具纤毛，分离；雄虫额狭；触角和下颚须黑色，触角芒羽状；前胸侧板中央凹陷，翅片裸；小盾片粉被与盾片相同；翅烟色，透明；足全黑色。

寄主与习性：幼虫滋生于腐烂的动植物中。

点池蝇 *Spilogona* sp.

蝇科 Muscidae

形态特征：成虫体长5.0~8.0 mm，体红褐色；复眼红色，具纤毛；雄虫额狭；胸部背板、小盾片棕褐色，具不明显纵条带；翅透明，翅脉黑色，翅长稍长于腹长；足黄褐色。

寄主与习性：捕食小型昆虫。

蝇科 Muscidae（未定种）

蝇科 Muscidae

形态特征：成虫体长4.0~14.0 mm，体灰色、灰黑色或具金属光泽，体表被鬃和毛；头部大；复眼发达，通常为离眼，少数种类雄虫为接眼；触角3节，芒羽状；喙肉质，可伸缩；下颚须棒状，或侧扁而端部呈匙状；胸部常具4个黑纵条或2个黑宽条，下侧片一般无鬃，仅具若干散生毛；腹部有毛，气门在第2~8节背板上，腹部有时具可变色斑；翅大，腋瓣发达，M1+2脉末端常向前呈弧状或角状弯曲，靠近R4+5脉，Cu1+An1脉（第6纵脉）不达翅后缘。

寄主与习性：成虫食性极复杂，大部分为腐食性和粪食性，少数捕食蚊子的幼虫、蛹和成虫。

元厕蝇 *Fannia prisca* Stein

厕蝇科 Fanniidae

形态特征：成虫体长4.0~7.0 mm，体黑褐色，被灰白色粉；雄虫额狭，额间距与触角第3节宽相近，雌虫离眼，额距稍小于复眼宽；雄虫腹部中央具清晰的黑色纵条（实为中央无被粉），雌虫纵条不明显；足黑色或暗棕色。

寄主与习性：幼虫滋生于畜粪便等腐殖质和垃圾中。

台湾斑点圆头蝇 *Neuroctena formosa* (Wiedemann)

圆头蝇科 Dryomyzidae

形态特征：成虫体长9.0~11.0 mm，头部、触角、喙和下颚须红黄色；额灰褐色；触角芒基半部加粗，红黄色，端半部黑色，被淡黄色毛；胸部红黄色，背面具3个黑褐色纵纹，被小黑毛；腹部侧片黑色；小盾片红黄色，两侧黑褐色；翅黄色，半透明，翅面具5个黑斑；足褐色。

寄主与习性：幼虫多取食腐烂的植物。

斯氏同脉缟蝇 *Homoneura stackelbergiana* Papp

缟蝇科 Lauxaniidae

形态特征：成虫体长3.0~4.0 mm，体淡黄褐色；触角黄褐色；腹部淡黄色，无斑纹；前翅具5个黑褐色斑，3个斑独立，分别位于R2+3、R4+5和M1脉上，另2个斑位于横脉上。

寄主与习性：幼虫多取食腐烂的植物。

同脉缟蝇 *Homoneura* sp.

缟蝇科 Lauxaniidae

形态特征：成虫体长4.3~6.5 mm，体粗壮，淡黄色至褐色或黑色；颜面扁平；翅多淡黄色，有或无深色斑，前缘脉的短鬃伸达Ra+s末端；前足腿节有梳状短腹鬃。

寄主与习性：幼虫多取食腐烂的植物。

黑缟蝇 *Minettia* sp.　　缟蝇科 Lauxaniidae

形态特征：成虫体长5.0~8.0 mm，喙短；头宽几乎是长的2倍；额四方形，扁平或突出；触角基部相连或分离，通常很短，触角芒一般羽状；腹部通常短卵圆形，体节宽大于长；翅的长宽比大于2，翅前缘有黑色粗壮小鬃；所有足的胫节都具端前鬃，前足腿节有时存在梳状短腹鬃。

寄主与习性：幼虫多取食腐烂的植物。

尾翼尖翅蝇 *Lonchoptera caudala* Yang　　尖翅蝇科 Lonchopteridae

形态特征：成虫体长8.0~11.0 mm，头部黄褐色，鬃黑色；复眼卵圆形，黑色，单眼透明；触角黑色，触角芒长而下弯；喙黄褐色；下颚须狭长；小盾片黄褐色；足黄褐色，胫节和跗节淡褐色至褐色，足上的鬃发达。

寄主与习性：幼虫腐食性，成虫访花。

新瘿小鼓翅蝇 *Sepsis neocynipsea* Melander et Spuler

鼓翅蝇科 Sepsidae

形态特征：成虫体长2.0~5.0 mm，体黑色；触角暗褐色；腹部常具紫红色光泽；前翅透明，翅端具黑褐色斑；前足黄色，有时基节黑色，第2跗节及后黑褐色，中、后足腿节和胫节颜色比前足稍深，杂有褐色或黑褐色(不呈黑色)。雄虫腹面中部具1根较强刚毛，前足胫节腹面2/3处稍凸起，具4或5根黑刚毛；雌虫正常。

寄主与习性：在植物叶片或地面上鼓翅，成虫和幼虫取食动物粪便。

沼蝇科 Sciomyzidae（未定种）

沼蝇科 Sciomyzidae

形态特征：成虫体长2.5~4.6 mm，体色从亮黑色至暗灰色、棕色或黄色；侧观颜面内凹；触角常前伸；翅常长于腹，透明或半透明，或翅面有斑成网状。雄虫腹部前5个体节正常，背片1和2节合并，6~7节只有一小部分残迹；尾须发达，具刚毛。

寄主与习性：幼虫水生，成虫取食腐烂的植物。

银唇短脉水蝇 *Brachydeutera ibari* Ninomiya 水蝇科 Ephydridae

形态特征：成虫体长3.0~4.0 mm，体背面棕灰色；头顶及中胸盾片具橄榄绿色；头部唇基、颜等银白色；颜隆线及触角棕灰色，前侧片上部的1/6~1/4棕灰色，其下部为银白色，分界明显；复眼两侧具3根明显的眶鬃，前面的鬃较短，为后两根的1/3~1/2；触角芒栉形，具9根长毛。

寄主与习性：幼虫水生，取食土壤表面生长的藻类或腐殖质。

银白齿小斑腹蝇 *Leucopis argentata* Heeger 斑腹蝇科 Chamaemyiidae

形态特征：成虫体长2.0~3.0 mm，体银灰色；复眼红色；额前部明显深凹缘，额宽是头宽的2/5；背中条纹灰色，不明显；腹部第3~5节背板中轴部有黑色楔形斑。

寄主与习性：幼虫捕食多种蚜虫。

齿小斑腹蝇 *Leucopis* sp.　　斑腹蝇科 Chamaemyiidae

形态特征：成虫体长3.0~7.0 mm，体棕黑色；复眼红色；额顶部具黑色条纹；前胸背板灰褐色，近菱形，具不明显的灰黑色条纹，被黑色鬃；腹部棕黑色，近卵形；翅棕褐色，长于腹长；足黑色。

寄主与习性：捕食小型昆虫。

膜翅目

Hymenoptera

榆红胸三节叶蜂 *Arge captiva* (Smith)

三节叶蜂科 Argidae

形态特征：成虫体长8.0~12.0 mm，体黑色，具蓝紫色金属光泽；触角3节，第3节很长；胸部大部分橘红色，其中中胸背板全部橘红色；小盾片常黑色；翅蓝黑色，略长于腹长；足黑褐色。

寄主与习性：取食榆树。

珊瑚红三节叶蜂 *Arge corallina* Gussakovskij

三节叶蜂科 Argidae

形态特征：雌虫体长9.0~10.0 mm，体橙色、黑色，不具金属光泽，被淡色绒毛；头部背面观在复眼后不加宽；头、触角黑色；胸部、腹部橙红色；翅烟黑色，翅脉、翅痣黑色；前足与中足转节、腿节基部和端部、后足转节和腿节端部、中后足胫节和跗节全为黑色，其余部分橙黄色。

寄主与习性：取食小灌木。

柳蜷叶蜂 *Amauronematus saliciphagus* Wu　叶蜂科 Tenthredinidae

形态特征：成虫体长4.5~5.5 mm，体黑色；头部、触角、口器黄褐色；前胸背板后侧角黄褐色；翅透明，翅痣浅黄褐色；足除基节黑色，腿节基部2/3黑色或褐黑色，后足跗节深褐色外，其余黄褐色。

寄主与习性：成虫产卵于柳芽上，使柳芽不能展开，幼虫在虫巢内取食。

指名黑斑菜叶蜂 *Athalia nigromaculata nigromaculata* Cameron　叶蜂科 Tenthredinidae

形态特征：雌虫体长8.0~10.0 mm，体橙黄色；头、触角、后胸、后胸侧片上半部黑色；上唇、唇基、上颚基半部淡黄色；翅烟黑色，端部较透明，基部灰黄色，翅脉、翅痣黑色；足橙黄色，仅腿节端部、胫节端部、跗节端部为黑色。

寄主与习性：取食榆树等植物。

黑胫残青叶蜂 *Athalia proxima* (Klug)

叶蜂科 Tenthredinidae

又名黑翅菜叶蜂。

形态特征：成虫体长5.0~8.5 mm，头黑色；唇基和上唇黄白色；胸部、腹部红棕色，中胸后背板、小盾附器、后小盾片黑色；第1腹背板前缘中侧具1对黑斑；足红棕色，胫节、基跗节黑色，偶尔前、中足胫节颜色较浅。

寄主与习性：取食十字花科植物。

榆黏叶蜂 *Caliroa* sp.

叶蜂科 Tenthredinidae

形态特征：成虫体长4.0~7.0 mm，体黑色；唇基前缘弧形内凹；触角9节，第3节长，稍短于第4与第5节之和；前翅基部2/3黑色，端部透明；足、胫节和跗节稍带褐色。

寄主与习性：取食榆树。

东方壮并叶蜂 *Jermakia sibirica* (Kriechbaumer)　叶蜂科 Tenthredinidae

形态特征：成虫体长13.0~16.0 mm，体黑色；头部黑色；触角黑褐色，基部黄褐色，第3节长于第4节；胸部黑色，中央凹陷；腹部黑色，具2个黄色条带；前翅烟黑色，具金属光泽，翅痣、翅脉黑色；后翅透明；足黄褐色，后足腿节黑褐色。

寄主与习性：不详。

暗蓝侧跗叶蜂 *Siobla caerulea* Niu et Wei　叶蜂科 Tenthredinidae

形态特征：雌虫体长15.0~17.0 mm，体暗金属蓝色；口须污褐色；单眼后区刻点较密；触角端部白色，其余黑色；头胸部背侧细毛褐色，胸部侧板毛淡色，背板刻点较密；翅肩片浅褐色，前翅烟黄色，透明，翅痣淡褐色，前缘脉大部褐色，其余翅脉黑褐色；后翅淡烟黄色，透明；各足基节端部、转节大部或全部黄白色，前中足跗节黄褐色，后足腿节、胫节端部黑色。

寄主与习性：不详。

侧跗叶蜂 *Siobla* sp.

叶蜂科 Tenthredinidae

形态特征：成虫体长16.0~19.0 mm，体黑色；触角端部白色至黄白色，其余黑褐色；头胸部黑色，胸部侧板毛色淡，背板刻点较密；腹部黑色；翅烟褐色，透明，翅端部微具紫色光泽；前中足浅棕色，后足基部黑色，其余棕色。

寄主与习性：不详。

丽蓝叶蜂 *Tenthredo turcosa* Huang et Zhou

叶蜂科 Tenthredinidae

形态特征：雄虫体长15.0~16.0 mm，体表具强黑蓝绿色金属光泽；触角暗蓝黑色，具金属光泽，被较疏黑绒毛；头部除单眼、复眼褐色外均为蓝黑色具金属光泽；唇基、上唇缘毛较密而长，具浅小刻点；胸部为深蓝绿色，具金属光泽，中胸侧板、中胸腹板、后胸侧板蓝黑色，具金属光泽，中胸腹板具极细微刻纹，似皮革状，其上具1个棘突；前翅烟褐色，翅痣、翅脉黑褐色；后翅透明；足除爪为褐色外均为蓝黑色。

寄主与习性：不详。

黄尾棒角叶蜂 *Tenthredo ussuriensis* (Mocsáry)　叶蜂科 Tenthredinidae

形态特征：成虫体长13.0~16.0 mm，体黑色；触角黑褐色，基部黄褐色；胸部黑色，中央凹陷，具绒毛；腹部黑色，基部和中上部具黄色条带，端部具黄色斑；前翅烟褐色，翅痣、翅脉黑色；后翅透明；足棕褐色，具绒毛和刺突。

寄主与习性：不详。

蓝黑树蜂 *Sirex juvencus* (Linnaeus)　树蜂科 Siricidae

形态特征：雌虫体长14.0~31.0 mm，体蓝黑色，具金属光泽；触角基部几节红褐色，其余部分黑色；头部、前胸背板和中胸背板刻点密集，以前胸背板为甚，前胸背板缘中部下陷，形成1个约45°的斜坡，中胸前侧片刻点间距大于刻点本身直径；翅端半部微具黑褐色，翅脉褐色；足除基节和转节外全为黄褐色至红褐色。雄虫体长12.0~28.0 mm，腹部背板端半部红褐色，有些个体腹部末端为蓝黑色；后足胫节和基跗节黑色，其他特征一如雌虫。

寄主与习性：寄生于松、杉等林木。

大纹钩腹蜂 *Poecilogonalos magnifica* Teranishi

钩腹蜂科 Trigonalyidae

形态特征：成虫体长6.0~13.0 mm，密布刻点和细毛；头部黑色；上颚中央大部、唇基、触角窝内侧三角形小斑、颊、头顶后方横形斑黄色；触角黑褐色，柄节部分黄褐色；胸部火红色，下半部黑色，带细皱，前胸背板颈部和背缘、后小盾片、翅基片黄色；腹部黑色；翅带烟黄色，端部上方具烟褐色斑；足黄色，具黑色斑。

寄主与习性：寄生于鳞翅目昆虫。

方盾脊额旗腹蜂 *Prosevania quadrata* sp.nov. He

旗腹蜂科 Evaniidae

形态特征：雌虫前翅长5.0~6.0 mm，体黑色；须、触角第2~4节黄色；上颚赤黄色；前胸背板背观短，肩部钝圆，具横脊和顶针状圆刻点，下角具并列刻点，中胸盾片近方形，具较密粗刻点；腹部黑色具光泽，柄后腹扁平，近椭圆形；翅透明，稍带烟褐色，翅痣和翅脉黑褐色；足黑色至黑褐色，前中足转节、后足转节基部、中后足胫节基部、前足胫节土黄色，跗节浅褐色。

寄主与习性：不详。

浙江锤举腹蜂 *Pristaulacus zhejiangensis* He et Ma　举腹蜂科 Aulacidae

形态特征：成虫体长15.0~20.0 mm，体黑色；头顶、额和上颊几乎光滑，具极细稀刻点；唇基红黄色，刻点稍粗，端缘平；触角14节；前胸背板侧方具粗刻点，背方具夹点刻皱，端部具黄色斑纹；腹部着生部位在中央，具黄色条纹；翅烟黄色透明，具3条褐色纵带；中后足基节上方密布细横刻条，跗爪具4栉齿。

寄主与习性：捕食小型昆虫。

烟蚜茧蜂 *Aphidius gifuensis* Ashmead　茧蜂科 Braconidae

形态特征：成虫体长2.5~3.5 mm，头黑色；胸部背面黑褐色，其余黄褐色；触角17或18节，第1、2、3节基部黄色，端节长为亚端节的2倍；并胸腹节的中室五边形。雄虫触角19或20节，少数18节。

寄主与习性：寄生于桃蚜等多种蚜虫。

棉大卷叶螟绒茧蜂 *Apanteles opacus* (Ashmead)

茧蜂科 Braconidae

形态特征：成虫体长2.0~4.0 mm，体黑色；触角柄节和梗节棕黄色，柄节末端褐色；颜面、唇基和颊具网状皱纹；中胸背板稍膨起，上具网状刻纹；小盾片三角形，刻纹少而浅；腹部与胸长相等，第1腹节背板长形；翅比体稍长，基片深褐色，翅痣褐色，其他翅脉黄褐色；前足和中足基部、爪和爪垫褐色，后足基节光滑，黑色(除端部黄褐色)，腿节、胫节和第1、2、3、5跗节端部黑色。

寄主与习性：寄生于鳞翅目幼虫。

始刻柄茧蜂 *Atanycolus initiator* (Fabricius)

茧蜂科 Braconidae

形态特征：雌虫体长9.0~10.0 mm，头部橘红色；复眼黑色，单眼区及周围呈三角形黑色斑；触角侧上方，黑斑与复眼相接触；胸部均为黑色；腹部第1节背板黑色，其余背板红色，腹板基部黄色，端部红色。雄虫体长6.0~8.0 mm，腹部背面红色至红褐色，腹面褐色至红褐色，其他与雌成虫相同。

寄主与习性：寄生于天牛、象甲、小蠹虫、吉丁虫、透翅蛾等幼虫。

菜蚜茧蜂 *Diaeretiella rapae* M'Intosh

茧蜂科 Braconidae

形态特征：雄虫体长2.0~3.0 mm，体色变化较大，多数为黑褐色；雌虫头横形，大于胸翅基片处宽度；上颊与复眼横径等宽；复眼长卵圆形，中等大，向唇基强烈收敛；触角16~17节，通常14节，长达腹柄节端部，端部节略加粗；中胸盾片前端垂直升起于前胸背板上，并胸腹节具窄小的五边形中央小室。

寄主与习性：寄生于菜蚜、桃蚜等多种蚜虫。

桃瘤蚜茧蜂 *Ephedrus persicae* Froggatt

茧蜂科 Braconidae

形态特征：雌虫体长1.5~2.5 mm，体黑褐色；头横形，与胸部等宽；唇基、口器及触角第1鞭节的基部黄褐色；触角长0.5~1.5 mm，11节；腹部近纺锤形；前翅翅痣长为宽的5~6倍；足基节基部为黑褐色。雄虫体长1.0~1.4 mm；触角长0.7~1.0 mm，端鞭节较尖，第8和第9鞭节分离明显。

寄主与习性：寄生于桃蚜等30种蚜虫。

竹纵斑蚜茧蜂 *Trioxys (Betuloxys) takecallis* Stary

茧蜂科 Braconidae

形态特征： 成虫体长2.0~3.0 mm，体黄色至黄褐色；头顶及胸部背面暗褐色至黑色；触角黑色，11节，基部4节黄色(有时第4节端部黑褐色)，触角第3、4节长度相近，长各为节宽的5倍，端节明显长于端前节；并胸腹节具中等宽度的中央小室，形似钢笔头；翅痣长是宽的4倍，痣后脉约是痣脉的一半。

寄主与习性： 寄生于竹纵斑蚜，僵蚜浅褐色至灰白色。

棒腹方盾姬蜂 *Acerataspis clavata* (Uchida)

姬蜂科 Ichneumonoidae

形态特征： 雌虫体长6.0~9.0 mm，体黑色；头顶在单眼后陡斜，刻点较细密；触角60节，背面黑褐色；颜面和唇基愈合表面呈长形，密布夹刻点横网脊；腹部棒形，腹面黄褐色；翅透明，稍带烟褐色，翅痣黑褐色，小翅室大；足黑色，前足转节和腿节黑褐色。

寄主与习性： 不详。

北京短脉姬蜂 *Brachynervus beijingensis* Wang　姬蜂科 Ichneumonoidae

形态特征：雌虫体长22.0~24.0 mm，体黑色；头侧观近椭圆形；触角橘黄色；上颊侧观在中段几乎等宽，上颊及颊完全黑色；腹部橘红色；翅黄色，透明，翅基片、翅痣及翅脉黄褐色；前、中足及后足跗节黄色，后足除基节基部及跗节外，均呈橘红色。

寄主与习性：常活动于林下灌木丛中。

棉铃虫齿唇姬蜂 *Campoletis chlorideae* Uchida　姬蜂科 Ichneumonoidae

形态特征：成虫体长5.0~6.0 mm，体黑色，密生白色细毛；头部黑色；触角黑褐色，28~29节；颜面中央圆形膨起；唇基横椭圆形，无唇基沟；上颚黄色，两颚交合，呈横长方形；胸部黑色；腹部赤褐色，有光泽；翅痣淡黄褐色，痣后脉颜色稍深，具小翅室；足赤褐色。雄虫体色同雌虫基本相似，但腹部第5、6节背板基部中央黑斑较大，上下连接形成1条黑纹；触角29~30节。

寄主与习性：寄生于棉铃虫、亚洲玉米螟、斜纹夜蛾、苜蓿夜蛾等鳞翅目昆虫。

紫绿姬蜂 *Chlorocryptus purpuratus* (Smith) 姬蜂科 Ichneumonoidae

又名刺蛾紫姬蜂。

形态特征：成虫体长14.0~17.0 mm，体紫色，具蓝黑色金属光泽；头部横宽；复眼紫褐色，单眼赤黄色；触角黑褐色；腹部第1背板宽大于长或近等于；翅透明；前、中足腿节蓝黑色，胫节褐色，后足胫节及各跗节和爪黑褐色。

寄主与习性：寄生于丽绿刺蛾、褐色边绿刺蛾、扁刺蛾等刺蛾类昆虫。

白环黑瘤姬蜂 *Coccygomimus alboannulatus* (Uchida) 姬蜂科 Ichneumonoidae

形态特征：成虫体长10.0~14.0 mm，体黑色；触角柄节黑色，其余褐色；颜面具稀疏细刻点，中央纵隆；前胸背板中央及后缘下方具明显横刻点，中胸盾片和小盾片具革状细刻纹；翅透明，带烟黄色，翅痣黑色，基部淡黄褐色；足黑褐色，胫节亚基部具白色环纹。

寄主与习性：寄生于鳞翅目昆虫。

日本黑瘤姬蜂 *Coccygomimus nipponicus* (Uchida)　姬蜂科 Ichneumonoidae

形态特征： 雌虫体长7.0~9.0 mm，体黑色，多光泽；头、胸部柔毛白色至淡黄色；触角鞭节基部数节下面暗赤褐色，其余黑褐色；腹部密布粗刻点，第1~5背板后缘光滑，第2~5背板折缘宽；翅基片黑色，翅痣淡褐色或淡黑褐色，基部黄褐色；足赤褐色，基节黑色。雄虫与雌虫相似，触角无角下瘤，腹部背板折缘亦宽。

寄主与习性： 寄生于鳞翅目昆虫。

黑瘤姬蜂 *Coccygomimus* sp.　姬蜂科 Ichneumonoidae

形态特征： 成虫体长24.0~31.0 mm，体细长，黑色，具光泽；触角黑色；前胸背板、中胸盾片和小盾片黑色，光滑；翅透明，带烟色，翅长不达腹部末端；足黑褐色，具灰白色绒毛。

寄主与习性： 寄生于鳞翅目昆虫。

马氏圆胸姬蜂 *Colpotrochia (Colpotrochia) maai* Momoi　姬蜂科 Ichneumonoidae

形态特征： 成虫体长13.0~15.0 mm，体黑色；须红黄色；上颚端部带红色；触角暗褐色，柄节黄色，外侧黑褐色；腹部第2、3背板端部带红色；翅透明，带明显烟褐色，翅基片黄色，翅痣褐色；足基节至腿节黑褐色，后足胫节和跗节黑褐色。

寄主与习性： 不详。

半闭弯尾姬蜂近似种 *Diadegma semiclausum* (Hellen)　姬蜂科 Ichneumonoidae

形态特征： 雌虫体长5.0~7.0 mm，体、胸部黑色；触角鞭节21~25节；上颚端齿、须及翅基片黄色；腹部细长棒槌形，腹面黄褐色，背面黑色；前翅小翅室位于第2回脉的中央之后；足黄褐色，后足黑褐色。

寄主与习性： 寄生于鳞翅目等昆虫。

紫窄痣姬蜂 *Dictyonotus purpurascens* (Smith)

姬蜂科 Ichneumonoidae

形态特征：成虫体长24.0~32.0 mm，体黑色，具紫色光泽；触角黑褐色或暗赤褐色，70节；颜面宽，密布刻点，中央稍隆起，唇基近于菱形；额具刻条；前胸背板刻点极细，近于光滑；小盾片近于方形；翅烟黄色，基部及外缘紫黑色，翅痣及翅脉黑褐色；足黑色，具突刺，前中足色稍淡。

寄主与习性：不详。

具瘤爱姬蜂 *Exeristes roborator* (Fabricius)

姬蜂科 Ichneumonoidae

形态特征：雌虫体长9.0~11.0 mm，雄虫体长7.0~9.0 mm，体黑色或腹部带暗红褐色；翅透明，稍带烟黄色，翅基片、前缘脉、翅痣基部黄色，其余翅脉黑褐色；足红黄色，基节色泽黑色至红黄色，变化大，后足端节、跗节烟褐色。

寄主与习性：寄生于鳞翅目昆虫。

花胸姬蜂 *Gotra octocincta* (Ashmead)　姬蜂科 Ichneumonoidae

形态特征：成虫体长9.0~12.0 mm，体黑色和黄色相间；触角黑褐色，雌虫第7~15节、雄虫第10~18节上部黄色；翅透明，翅脉黄褐色；足赤黄色，基节带黄白色，后足基节基部及外方斜纹、第1转节基部、腿节末端、胫节两端及各足端跗节和爪黑褐色。

寄主与习性：寄生于鳞翅目幼虫。

颚甲腹姬蜂 *Hemigaster mandibularis* (Uchida)　姬蜂科 Ichneumonoidae

形态特征：雌虫体长9.0~12.0 mm，头部密布网皱；颜面、唇基、上颊和须黄色，唇基与颜面不分开；触角洼大，深而光滑，31节，与前翅约等长，基部黄色，端部黑褐色，中间黄白色；翅带烟黄色，翅痣黄褐色，翅脉黑褐色，前翅无小翅室；足赤黄色，前足稍带黄色。雄虫与雌虫相似。

寄主与习性：不详。

眼斑介姬蜂 *Ichneumon ocellus* (Tosquinet)

姬蜂科 Ichneumonoidae

形态特征：雌虫体长10.0~13.0 mm，体黑色，多黄白色斑点；颜面、唇基密布刻点；额上方和头顶散生小刻点；触角黑褐色，中部白色，至端部渐细；前胸背板侧缘、中胸盾片、小盾片两侧黑色，具黄白色斑点；翅透明，翅痣淡褐色；前中足基节和转节黄白色，跗节带褐色，后足基节黑色，其余黄色至红黄色。

寄主与习性：寄生于鳞翅目昆虫。

青腹姬蜂 *Lareiga abdominalis* (Uchida)

姬蜂科 Ichneumonoidae

形态特征：成虫体长15.0~18.0 mm，体黑色；头顶刻点细；额光滑；颜面具粗刻点，中部屋脊状隆起并带横皱；触角黑色，在1/2处呈白色，至端部渐细；前胸背板黑色，具模糊刻点或横皱；腹部黑色，纺锤形；翅透明稍带青光，翅痣黑褐色；足胫节和转节黑色，其余黄白色。

寄主与习性：寄生于鳞翅目昆虫。

东北缺沟姬蜂 *Lissonota mandschurica* (Uchida)　　姬蜂科 Ichneumonoidae

形态特征：雌虫体长11.0~12.0 mm，前翅长8.0~9.0 mm，头胸部密布细刻点；颜面下方稍宽，上缘稍凹；触角42节；中胸盾片长大于宽，盾纵沟仅有痕迹；小盾片前凹光滑，具细皱；腹部细长，稍扁平，第1节背板长为端宽的2.1倍，表面拱隆，具粗糙皱纹；足细长，跗爪基部具栉齿。

寄主与习性：寄生于鳞翅目昆虫。

云南角额姬蜂 *Listrognathus yunnanensis* He et Chen　　姬蜂科 Ichneumonoidae

形态特征：雌虫体长8.0~10.0 mm，体黑色，有光泽，密布细白毛；触角33节；头胸部具粗刻点；额在中单眼下方具明显刻条；腹部各节背板后缘黄褐色，第2节背板紧贴后缘，具黑褐色边；足赤褐色，后足基节、腿节端部、胫节基部及端部黑色。

寄主与习性：寄生于鳞翅目昆虫。

索角额姬蜂 *Listrognathus sauteri* Uchida

姬蜂科 Ichneumonoidae

形态特征：雌虫体长7.0~10.0 mm，头胸部密布粗刻及细白毛；颜面横宽，中央隆起，具细刻点；额具强刻条；触角32节；前胸背板颈之下侧缘无角而呈弧形突出；小盾片仅基角具侧脊；前中足黄赤色或赤褐色，腿节色深，胫节和跗节具灰白色毛，后足腿节基部或基半部赤褐色。

寄主与习性：寄生于鳞翅目幼虫。

黄条马姬蜂褐色足亚种 *Maraces flavobalteata fulvipes* (Cameron)

姬蜂科 Ichneumonoidae

形态特征：成虫体长12.0~16.0 mm，前翅长9.0~10.0 mm，体黑色；头稍宽于胸；触角41节；前胸背板背缘前方甚隆起，中胸侧板下半、前角、后上方具突起；腹部各节背板后缘黄色；翅透明，翅脉黑色；后足腿节和胫节黄褐色，两端黑褐色，后足跗节黄褐色。

寄主与习性：寄生于鳞翅目昆虫。

马氏瘦姬蜂 *Ophion maai* Gauld et Mitchell

姬蜂科 Ichneumonoidae

形态特征：成虫前翅长15.0~16.0 mm，体红黄色；眼眶稍淡；上颚较短；侧单眼与复眼稍分离；中胸盾片侧观稍陡圆，中胸侧板具光泽，密布刻点；小盾片亚四边形，无侧脊；并胸腹节侧观凸圆，具中区；翅痣红黄色；跗节不特化。

寄主与习性：寄生于鞘翅目、鳞翅目等昆虫。

趋稻厚唇姬蜂 *Phaeogenes* sp.

姬蜂科 Ichneumonoidae

形态特征：成虫体长10.0~11.0 mm，头、胸、腹部第4节以后黑色；触角基部数节赤褐色，向末端逐渐变成黑褐色，中央的一段第3~4节背面浅黄色；并胸腹节中区后缘凹入甚深；腹部的其余部分和足的大部分赤褐色，后足腿节末端、后足胫节基端和末端几呈黑色，后足跗节色较暗，前足、中足基节和各足转节色较浅。

寄主与习性：寄生于鳞翅目昆虫。

中华齿腿姬蜂 *Pristomerus chinensis* Ashmead

姬蜂科 Ichneumonoidae

形态特征：成虫体长6.0~7.0 mm，头黑色；触角柄节和梗节、雄虫头顶近后单眼处均赤褐色；胸部黑色，前沟缘脊附近黄褐色；腹部第1背板基部、第2背板窗疤及后缘、第3背板、第4背板基部黄褐色，第2和第3腹板黄色；翅基片黄色，翅痣及翅脉褐色；足赤褐色，但后足基节、胫节末端、端跗节和爪黑色，有时转节基部及腿节大部暗褐色。

寄主与习性：寄生于食心虫、红松梢斑螟等鳞翅目昆虫。

蜡天牛蛀姬蜂 *Schreineria ceresia* (Uchida)

姬蜂科 Ichneumonoidae

又名中华天牛蛀姬蜂。

形态特征：雌虫体长9.0~10.0 mm，体黑色；触角第9~13鞭节白色，其余各节黑色；前胸背板前缘中部和后侧缘白色，后胸背板中部白色；小盾片后半部具1个白色圆斑；并胸腹节侧面和后足基节背面各具1个椭圆形白色斑，后半部具扁三角形或“八”字形白色斑；腹部长纺锤形，长略大于头胸之和，第1节背板基侧方具三角形齿；翅基片淡黄色；各足基节和转节、腿节以下黄褐色，后足腿节末端、胫节基部和端半部黑褐色。

寄主与习性：寄生于青杨天牛、青杨虎天牛、光肩星天牛等昆虫。

黏虫棘领姬蜂 *Therion circumflexum* (Linnaeus) 姬蜂科 Ichneumonoidae

形态特征： 雌虫体长20.0~23.0 mm，体色有变化；头部、胸部黑色；颜面黄色或黑色；触角基部黄褐色，其余黄色；中胸背板长卵形，中胸侧板和后胸侧板各具1个暗红色或黑色大斑；小盾片黄色或黑色；腹部黄褐色；足红褐色，各足基节基半部红色，端半部黑色，后足腿节端部、胫节端部黑色。

寄主与习性： 寄生于黏虫等鳞翅目幼虫。

松村离缘姬蜂 *Trathala matsumuraeana* (Uchida) 姬蜂科 Ichneumonoidae

形态特征： 雌虫体长10.0~12.0 mm，体黄色，具黑斑；第4节以后背板背方大部分红褐色；翅带烟黄色，翅痣黑褐色；足基节和转节黄色，前中足其余黄褐色，各跗节端部淡褐色，后足基节内外侧和转节外侧均有黑斑，腿节黄褐色，胫节暗黄褐色，跗节淡黄褐色。

寄主与习性： 寄生于松毛虫等鳞翅目昆虫。

黏虫白星姬蜂 *Vulgichneumon leucaniae* (Uchida)　姬蜂科 Ichneumonoidae

形态特征：成虫体长13.0~15.0 mm，体黑色；头、胸部密布刻点；雌虫触角在中部以后稍粗，端节近圆筒形，雄虫触角至端部渐细；触角鞭节第8~12或8~13节（雌）、第15~19节（雄）的上面、小盾片、后足转节及腹部第7背板中央的大圆斑均为黄色；并胸腹节分区明显，柄后部中央部分隆起，周缘有隆脊，具稀疏刻点；雄虫翅基片顶角及翅基部的小斑黄色；前足及中足胫节赤褐色。

寄主与习性：寄生于黏虫、斜纹夜蛾等鳞翅目昆虫。

日本褶翅小蜂 *Leucospis japonica* Walker　褶翅小蜂科 Leucospidae

形态特征：雌虫体长7.0~13.0 mm，体粗壮，黑色，夹有黄纹；复眼大；触角12节；腹部钝圆，背观在中部以后膨大，第2腹节背板最长；前翅均匀烟褐色，可纵褶，翅脉黑褐色；后翅色较浅。雄虫体长7.0~12.0 mm，后足胫节端部黄色斑明显。

寄主与习性：寄生于切叶蜂科昆虫。

中华褶翅小蜂 *Leucospis sinensis* Walker

褶翅小蜂科 Leucospidae

形态特征：雌虫体长13.0~15.0 mm，体黑色，具红棕色或黄色斑；前胸背板前后缘具红棕色横带，中胸背板中央具1个倒“八”字形红棕色小斑；小盾片后缘红棕色；并胸腹节具棕色斑点；第1腹节背板后缘具黄色斑，第5节后缘黄色；后足腿节外侧的基部和端部具长条形黄色斑，不相连，腹面具9个刺。雄虫第1腹节背板无黄色斑，第4、5节后缘黄色。

寄主与习性：幼虫寄生于黑泥蜂。

黑龙江褶翅蜂 *Gasteruption poecilothecum* Kieffer

褶翅蜂科 Gasteruptiidae

形态特征：成虫体长24.0~33.0 mm，体黑褐色至黑色；触角14节，基部黑色，其余褐色；前胸背板黑色，盾圆形，中胸背板具粗大刻点；腹部黑色，细棒槌状，具3个橘黄色环纹；翅透明，约为腹长一半，翅脉黑色；前中足胫节黑褐色，后足基节基部强壮，稍扩大，胫节端2/3膨大。

寄主与习性：成虫访花。

暗色跳小蜂 *Encyrtus infidus* (Rossi)　跳小蜂科 Encyrtidae

又名蜡蚧跳小蜂。

形态特征：雌虫体长2.0~3.0 mm，体黄褐色；头顶、触角梗节及以后节的背面、前胸和中胸背板、三角片及腹部黑褐色；触角梗节略短于第1索节，第1索节长大于宽，以后的索节长度与宽度比逐渐减少，第6索节明显长短于宽；小盾片黄白色，但末端褐色，中部具黑褐色长毛束；前翅基半部透明，亚缘脉基部2/3及端半部黑褐色。

寄主与习性：寄生于多种球蚧，成虫在核桃等林木的小枝上活动。

伍异金小蜂 *Anisopteromalus quinarius* Gokhman et Baur　金小蜂科 Pteromalidae

形态特征：雄虫体长约1.5 mm，雌虫体长2.0~3.0 mm，体橄榄绿色，稍具铜色光泽；头部黑色，具金属光泽；触角柄节(有时梗节和索节)浅黄褐色；足腿节端部以下黄褐色，胫节中部稍深，跗节端节或几节黑褐色。雌虫复眼红色；环节3节，触角索节5节，第1索节基部与第3环节宽度相近。雄虫触角环节2节，索节6节；腹基半部浅色；翅透明，无色，翅近基部具无毛区，前翅缘脉约与后缘脉等长，长于痣脉。

寄主与习性：寄生于鞘翅目幼虫。

食蚜蝇宽缘金小蜂 *Pachyneuron groenlandicum* Holmgren 金小蜂科 Pteromalidae

形态特征：雌虫体长2.0~4.0 mm，体黑色带蓝绿铜色金光；触角柄节基部暗褐色，中部以后除梗节末端及2个环状节鲜褐色外，其余均黑褐色，棒节深褐色，鞭节各节具褐色长形感觉器；足基节同体色，其余褐色。雄虫体长较小，触角鞭节较细长。

寄主与习性：寄生于食蚜蝇蛹。

管氏硬皮肿腿蜂 *Sclerodermus guani* Xiao et Wu 肿腿蜂科 Bethylidae

形态特征：雌虫体长3.0~5.0 mm，分无翅和有翅两型；头扁平，长椭圆形；头、中胸、腹部及腿节膨大部分黑色；后胸深黄褐色；触角黄褐色，13节，基部2节及末节较长；足胫节末端及跗节黄褐色，胫节末端具2个大刺；有翅型前、中、后胸均为黑色；翅比腹部短。雄虫体长2.0~3.0 mm，也分无翅和有翅两型，但97.2%的雄虫为有翅型，体黑色；腹部长椭圆形，末端钝圆；有翅型的翅与腹末等长或伸出腹末之外。

寄主与习性：寄生于鞘翅目幼虫。

青蜂 *Chrysis ignita* Linnaeus　青蜂科 Chrysididae

又名杜鹃蜂、红尾蜂。

形态特征：成虫体长7.0~13.0 mm，触角黑褐色，基部稍膨大；头部和胸部呈现出金属蓝色或绿色；腹部则常呈现出宝石红色或青色，下侧凹陷；翅透明，烟棕色；足黑褐色，被灰白色绒毛。

寄主与习性：寄生于蜾蠃等膜翅目昆虫。

上海青蜂 *Praestochrysis shanghaiensis* (Smith)　青蜂科 Chrysididae

形态特征：成虫体长8.0~12.0 mm，雌虫体黑色，背面具绿色、紫色和蓝色金属光泽；头部、胸部具粗刻点；颜面、头顶中央至后头绿色具光泽；单眼黄色，单眼区紫黑色向后呈三角形延伸，复眼赭色；触角基部绿色，其余黄褐色；前胸背板绿色；翅基片黑色，具金属光泽，翅带黄色，翅脉黑褐色；足具绿色金属光泽，跗节黄褐色。雄虫腹部大部分蓝紫色。

寄主与习性：寄生于刺蛾类昆虫。

红胸青蜂 *Chrysis* sp.

青蜂科 Chrysididae

形态特征：成虫体长7.0~13.0 mm，头部金属蓝紫色或绿色；触角基部稍膨大，蓝绿色，其余灰褐色；胸部背板2/3呈现橙红色，其余蓝紫色；腹部橙红色，下侧凹陷；翅烟褐色，半透明；足胫节、腿节蓝紫色，跗节灰棕色，被灰白色绒毛。

寄主与习性：寄生于膜翅目昆虫。

铜绿青蜂 *Chrysis* sp.

青蜂科 Chrysididae

形态特征：成虫体长5.0~11.0 mm，体铜绿色，密布刻点，具绒毛；头部金属铜绿色；触角基部稍膨大，铜绿色，其余灰褐色；胸部、腹部铜绿色，密布刻点；翅烟褐色，半透明；足胫节、腿节铜绿色，跗节灰棕色，被灰白色绒毛。

寄主与习性：寄生于膜翅目昆虫。

蜾蠃突背青蜂 *Stilbum* sp.

青蜂科 Chrysididae

形态特征： 成虫体长14.0~16.0 mm，额、颊及头顶具绿色、蓝色或紫色金属光泽，与其他部位颜色相似；触角槽密布横刻线；中胸盾片密布刻点；腹部第1、2背板密布刻点，第3背板具蓝绿色金属光泽，与腹部第1、2背板形成对比。

寄主与习性： 盗寄生于镶黄蜾蠃的巢，取食鳞翅目幼虫。

欧蚁蜂日本亚种 *Mutilla europea mikado* (Cameron)

蚁蜂科 Mutillidae

形态特征： 雌虫体长13.0~15.0 mm，体密生长毛，密布细微刻点；头黑色；触角、脸、下颚及口器褐色或带黑褐色；胸部赤褐色，前缘、两侧及腹面黑色；腹部黑色；足黑色，胫节以后色渐浅，呈黑褐色，具褐色至灰褐色毛。

寄主与习性： 取食熊蜂等昆虫。

眼斑驼盾蚁蜂 *Trogaspidia oculata* (Fabricius)

蚁蜂科 Mutillidae

形态特征： 雌虫体长6.0~9.0 mm，头部黑色，密布大刻点；胸部赤褐色，背面具黑褐色至黑色稀疏直立长毛；腹部黑色，具2个黄褐色眼斑和带毛细刻点，有光泽，第1背板、体下面及足上的毛灰白色，较短而密，稍倾斜；足黑褐色，基节、转节或中后足腿节基半部赤褐色。

寄主与习性： 取食蜂等小型昆虫。

日本弓背蚁 *Camponotus japonicas* Mayr

蚁科 Formicidae

又名日本木工蚁。

形态特征： 体黑色；头大，近三角形；头、并腹胸及结节具细密网状刻纹，具光泽，并胸腹节急剧侧扁；前、中胸背板较平；腹部具银黑色条纹，后腹部刻点更细密。蚁后体长约17.0 mm，具翅基；大型工蚁体长12.0 mm，头大，上颚5齿，通体黑色；中小型工蚁体长10.0 mm，头较小，长大于宽。

寄主与习性： 捕食马尾松毛虫和蚜虫，取食蜜露和植物分泌物等。

弓背蚁 *Camponotus* sp. 蚁科 Formicidae

形态特征：成虫体长11.0~13.0 mm，体黑色，略带褐色；头和并腹胸黑褐色至红褐色，前胸背板、上颚、唇基、触角、足的大部分褐红色；并胸腹节背板斜面凹陷，背板弱弓形；腹部黑色，具3条灰白色横条纹；足胫节黑色，其余棕褐色。

寄主与习性：取食蜜露和植物分泌物等。

亮褐举腹蚁 *Crematogaster contemta* Mayr 蚁科 Formicidae

形态特征：工蚁体长3.0~4.0 mm，体红褐色至暗褐色，后腹部的后半部颜色更深，立毛几乎全无，柔毛白色，细而短，散生；头圆球形；复眼侧生，宽卵形；触角柄节达到或超过后头缘，鞭节棒3节；上颚具较细的刻纹；唇基凸，前缘平直，两侧和中胸背板顶端具不明显的纵长细刻纹；前、中胸背板刻点细，较密集，前胸背板侧角突出，中胸背板长大于宽；第1结节近圆形，上缘平，其中央稍有凹入；第2结节椭圆形，中央具沟。

寄主与习性：取食蜜露和植物分泌物等。

掘穴蚁 *Formica cunicularia* Latreille

蚁科 Formicidae

形态特征：工蚁体长4.0~8.0 mm，体暗色，无光泽，颜色变化较大，后腹部灰黑色；头部、并腹胸和结节通常褐红色；立毛较稀疏，主要在头前部和后腹部，并腹胸至多2根立毛，结节无立毛存在，柔毛密覆全身；头两侧和后头缘亚平直；上颚具有细刻线；唇基前缘圆形，中脊明显；额三角区暗；结节上缘完整、圆形。蚁后体长8.0~9.0 mm；雄蚁体长7.0~7.5 mm，体黑色。

寄主与习性：取食蜜露和植物分泌物等。

褐臭蚁 *Hypoclinea fuscus* (Emery)

蚁科 Formicidae

形态特征：工蚁体长4.0~6.0 mm，体黑色无光泽；头、腹胸、结节带有褐色；立毛缺，柔毛丰富；头凸，后头缘宽凹；唇基暗红褐色；前胸背板平，前缘具棱边，中胸背板很凸，高出前胸背板；胸腹节基面平，后腹卵形；足栗红色。

寄主与习性：取食蜜露和植物分泌物等。

黄足狂蚁 *Paratrechina flavipes* (Smith)　蚁科 Formicidae

又名黄足立毛蚁。

形态特征：工蚁体长2.0~3.0 mm，体光亮；头黄褐色，头顶色较深，侧缘圆，在复眼后缘处最宽；毛被粗，直立，稀疏，以头部较丰富；唇基前缘弓形；复眼位于头侧中部靠前，单眼小；触角深黄色，柄节短；腹胸黄褐色，后腹褐色，各节后缘黄色；足深黄色。

寄主与习性：取食蜜露和植物分泌物等。

满斜结蚁 *Plagiolepis manczshurica* Ruzsky　蚁科 Formicidae

形态特征：成虫体长1.4~2.3 mm，体褐黄色至亮黑色；上颚、触角、足的全部或胫节、跗节黄色，全身光亮，立毛很少；后头缘微凹；唇基凸，中脊不明显；前胸背板十分凸；中胸背板后方分离出的后胸背板短于中胸背板；后胸背板与并胸腹节基面等高，缢缩不明显，腹柄节低，前倾。

寄主与习性：取食蜜露，也可访花或花外蜜腺。

多刺蚁 *Polyrhachis* sp.　　蚁科 Formicidae

形态特征：成虫体长5.0~8.0 mm，体黑色；头黑色，宽卵形，后头缘圆；触角黑色；复眼大，微凸；并腹胸及结节黑色，无光泽；腹部明显粗壮，卵圆形，被棕褐色绒毛；前足褐色，中后足腿节黑色，其余浅灰褐色。

寄主与习性：取食蜜露和植物分泌物等。

路舍蚁 *Tetramorium caespitum* (Linnaeus)　　蚁科 Formicidae

又名铺道蚁。

形态特征：成虫体长2.0~4.0 mm，体红褐色至黑褐色；头方形，长大于宽，头背面具平行纵刻纹，其间具细刻点；前胸刻纹稍粗；并胸腹节具1对刺或仅突起状；触角及足部色稍浅。

寄主与习性：取食蜜露、植物分泌物和小型昆虫等。

钩土蜂 *Tiphia* sp.　钩土蜂科 Tiphiidae

形态特征： 成虫体长13.0~16.0 mm，体黑色；头顶具原生刻点，较稀，但后头较密；触角自第4节起被褐色短毛；翅暗色，半透明；前胸背板前半具刻点及白毛，后半光滑，无刻点和毛。

寄主与习性： 寄生于金龟子幼虫（蛴螬）。

白毛长腹土蜂 *Campsomeriella annulata* (Fabricius)　土蜂科 Scoliidae

形态特征： 雌虫体长13.0~20.0 mm，体黑色，着生白色短柔毛；头顶和唇基的中间平滑，单眼后方具数个密集的大刻点；前胸背板前面柔毛密；腹部第1~4节光滑，几乎无刻点，第5、6节具密而粗的刻点，第1~4节背板后缘和第2~4腹板后缘具白色毛带；翅透明，近翅端色深，似烟色。雄虫体长12.0~16.0 mm，体黑色；前胸背板中央、小盾片的2个纹、前足和中足腿节外侧端部黄色；腹部略有青色光泽；翅透明，少数略暗。

寄主与习性： 寄生于大黑鳃金龟、异丽金龟等金龟子幼虫（蛴螬）。

缘长腹土蜂 *Campsomeris marginella* (Klug)　土蜂科 Scoliidae

形态特征：雌虫体长13.0~15.0 mm，体黑色，有光泽；后头、前额区、胸部、并胸腹节、腹部第1背板及足簇生灰白色长毛；头部完全平滑；唇基前半具强皱；上颚长大；腹部、小盾片平滑，第1~4节背板后缘密生灰白色长毛，以后各节密生黑褐色毛；翅几乎透明，中央稍带黄色。雄虫体长13.0~15.0 mm，与雌虫斑纹不同。

寄主与习性：幼虫寄生于金龟子幼虫（蛴螬）体外。

金毛长腹土蜂 *Megacampsomeris prismatica* (Smith)　土蜂科 Scoliidae

形态特征：雄虫体长16.0~23.0 mm，体黑色；唇基黄色，或中央具黑斑；前胸背板具小而密的刻点，肩部往往具有黄斑；头、胸背及第1腹节被黄褐色毛，第2~4节被淡黄色毛，第5节及后被黑毛，腹背第1~4节后缘淡黄绿色，腹板第2~4节后具细黄色带，中央分离，毛淡黄色，第5节及后毛黑色。雌虫略大，腹较粗。

寄主与习性：幼虫寄生于多种金龟子。

眼斑土蜂 *Scolia oculata* (Matsumura)　土蜂科 Scoliidae

形态特征： 雌虫体长15.0~22.0 mm，体黑色，密生黑毛；唇基中间隆起，平滑，边缘有刻点；腹部背板具青紫色光泽，黄斑处毛黄白色，第3背板具2个黄色眼状大斑；翅具紫色强光泽，前翅前缘具褐色毛。雄虫体长12.0~21.0 mm，体较细瘦；触角长；前额缝明显；腹部具强青紫色光泽，第3背板两侧前部和黄斑上的毛白色。

寄主与习性： 幼虫寄生于金龟子幼虫（蛴螬），成虫访花。

中华土蜂 *Scolia sinensis* Saussure et Sichel　土蜂科 Scoliidae

形态特征： 雌虫体长14.0~26.0 mm，体黑色，无光泽；唇基平滑，两边具刻点，中间隆起，前缘后方具1个穴；腹部第3节稍带蓝色，被黑色毛，第2背板和腹板后方大部分、其后各腹节、后足腿节末端及胫节、几乎全部跗节具红色毛；翅褐色，不甚透明。雄虫体长11.0~17.0 mm，体黑色，前额缝清楚。

寄主与习性： 寄生于金龟子幼虫（蛴螬）。

斑额土蜂 *Scolia vittifrons* Saussure et Sichel　土蜂科 Scoliidae

形态特征：雌虫体长19.0~26.0 mm，雄虫体长14.0~20.0 mm，体黑色，光泽强，被黑色短毛；头部、腹部斑纹橙黄色；腹部具青紫色金属光泽，雄虫更显著；翅大致一样暗褐色，具弱金属光泽。雌虫额具橙黄色斑；腹部具强光泽，腹背刻点向后缘稍稀疏，第3背板两侧具斑纹，第5~6背板上的刻点均一。雄虫触角较细短。

寄主与习性：寄生于金龟子幼虫（蛴螬），成虫访花。

变侧异腹胡蜂指名亚种 *Parapolybia varia varia* (Fabricius)　胡蜂科 Vespidae

形态特征：成虫体长12.0~17.0 mm，体黄褐色；体型较其他长脚蜂细长，腹部前方具细腰身，后方较圆；头宽与胸宽略等；两触角窝之间隆起呈黄色；腹部第1节长柄状，背板上部褐色，第2节背板深褐色，两侧具黄色斑；翅浅棕色，前翅前缘色略深；前足基节黄色，转节棕色，其余黄色。

寄主与习性：捕食鳞翅目昆虫。

角马蜂 *Polistes chinensis antennalis* Pérez

胡蜂科 Vespidae

形态特征： 成虫体长11.0~13.0 mm，两复眼内缘下侧各具1个黄斑，其余黑色，颊黑色；触角柄节和梗节背面黑色，腹面黄棕色；唇基黄色；前胸背板与中胸背板连接处为黄斑，其余黑色，中胸侧板黑色，后胸侧板全黑色；雌虫小盾片黄色，中央黑色；腹部第1节背板沿边缘及两侧黄色，其余黑色，第2节背板黑色，两侧各具1个黄斑，沿端部边缘具1个黄色横架；翅基后黄色。雄虫体长约15.0 mm，颚下半部、复眼后缘、中胸侧板前缘及胸部和腹部腹面全黄色，腹部7节。

寄主与习性： 捕食鳞翅目幼虫。

约马蜂 *Polistes jokahamae* Radoszkowski

胡蜂科 Vespidae

又名长角蜂。

形态特征： 雌虫体长18.0~22.0 mm，额橙黄色；头窄于胸，头顶具1对橙色横斑；触角窝间具黑斑；前胸背板橙黄色，中胸盾片黑色；腹部第1背板基半部黑色，两侧具黄斑，端缘橙黄色，腹板黑色，第2~6节背板、腹板基半部黑色，端缘黄色；翅基片橙黄色；足基节大部分黑色。雄虫体长13.0~15.0 mm，触角末端节及唇基扁平。

寄主与习性： 捕食鳞翅目幼虫。

亚非马蜂 *Polistes olivaceus* (De Geer)

胡蜂科 Vespidae

形态特征：雌虫体长21.0~24.0 mm，两复眼顶部具1个黑色横带；触角棕色，触角窝之间具1个黑带；前胸背板橙黄色，中胸背板黑色，中央两侧具1个橙色纵带，后胸侧板黑色；第1背板黑色具黄斑，第2~5节背板黑色，具2条橙色横带；翅基片橙色，中央具深色斑，近翅基处各具1个橙色短纵带；足基节和转节黑色，前足腿节、胫节和跗节橙色，后足腿节、胫节除端部橙色外，其余黑色。雄虫体长23.0~26.0 mm，唇扁平；腹部7节；前、中足基节前绿黄色。

寄主与习性：捕食鳞翅目幼虫。

澳门马蜂 *Polistes macaensis* Fabricius

胡蜂科 Vespidae

形态特征：雌虫体长18.0~23.0 mm，头宽较胸窄，橙黄色，具刻点，覆黄色短毛；触角窝间及两复眼顶部之间具1条褐色宽带，支角突棕色，柄节背面黑色，鞭节锈褐色；前胸背板黄色，前缘领状突起；并腹胸节黑色，中央具纵沟，密布横皱褶；翅基片棕色，前翅前缘色略深；足基节和转节黑色，其余棕黄色。

寄主与习性：捕食鳞翅目昆虫。

斯马蜂 *Polistes snelleni* Saussure　胡蜂科 Vespidae

形态特征： 雌虫体长12.0~14.0 mm，两复眼内缘下侧略呈黄色；触角柄节、梗节棕色，腹面棕色；唇基部及两侧边缘黑色，余棕黄色；前胸背板两肩角上部棕色，下角黑色，中胸背板黑色，中、后胸侧板黑色；并胸腹节黑色；腹部第1节背板基半部和腹板黑色，第2~4节背板黑色，第5、6节背板基部黑色；翅基后棕色；各足跗节及中、后足跗节前3节棕色，腿节背面棕色，腹面黑色。雄虫体长约13.0 mm，腹部7节，触角鞭节自第2节以上背面为棕色，中胸背板前缘黄色。

寄主与习性： 捕食多种昆虫。

黑盾胡蜂 *Vespa bicolor* Fabricius　胡蜂科 Vespidae

又名洋鬼子、黄胡蜂、黄脚胡蜂。

形态特征： 雌虫体长20.0~23.0 mm，头部宽略窄于胸部；两触角窝之间整个隆起，黄色；额沟不明显，被棕色长毛，刻点浅细，除两复眼内缘凹陷及下侧为鲜黄色外，额部及颅顶部均为黑色；前胸背板中部呈圆形隆起，两肩角可见，全呈黄色，布有细线刻点，并覆较长的棕色毛。雄虫体长22.0~26.0 mm，近似雌虫，唇基端部具无明显突起的2个齿，腹部共7节。

寄主与习性： 捕食蜜蜂、较小的胡蜂以及其他多种昆虫。

黄边胡蜂 *Vespa crabro* Linnaeus　胡蜂科 Vespidae

又名欧洲黄蜂、欧洲胡蜂。

形态特征： 雌虫体长22.0~30.0 mm，头部除额部色深外，其余呈橘黄色；两触角窝之间三角形平面隆起；唇基橘色，基部边缘呈黑色；前胸背板仅下角呈黑色，中胸背板全黑色，中央具1条棕色纵带，中、后胸侧板和翅基片棕色；并胸腹节全棕色；腹部第1节背板前截面棕色，背面深棕色，第2节背板深棕色，第3~5节背板基半部深棕色，端半部具棕黄色横带；前足基节前缘棕色。雄虫体长23.0~26.0 mm，唇基端部无齿，腹部7节。

寄主与习性： 捕食鳞翅目昆虫。

金环胡蜂指名亚种 *Vespa mandarinia mandarinia* Smith　胡蜂科 Vespidae

形态特征： 雌虫体长45.0~53.0 mm，头部较胸部宽；前胸背板前缘中央略隆起，被中胸背板端部分开，肩角明显，前缘两侧红色，其余均呈黑色；腹部6节，橙黄色，第1~3节具黑红色斑块，第4、5节具黑红色斑点；翅烟褐色；足红棕色，被稀疏黄白色长毛。

寄主与习性： 捕食鳞翅目、膜翅目昆虫。

黑尾胡蜂 *Vespa tropica ducalis* Smith　胡蜂科 Vespidae

又名双金环虎头蜂。

形态特征：雌虫体长21.0~33.0 mm，头部宽于胸部；触角黑色，两触角窝之间三角形平面隆起，向下伸达唇基基部；额沟可见；胸部棕色，被黄棕色毛；腹部6节，棕色和黑色；翅棕黄色，翅端蓝紫色或黑色；足腿节棕黄色，其余黑褐色。

寄主与习性：寄生于鳞翅目幼虫及蛹。

细黄胡蜂 *Vespula flaviceps* (Smith)　胡蜂科 Vespidae

形态特征：成虫体长11.0~19.0 mm，体黑色，具黄色或黄白色斑；颜面两触角窝之间具倒梯形斑；复眼内缘及下方具黄斑，腹眼后缘具黄斑；唇基黄白色，中央具1个纵黑斑（有时两侧各具1个小斑）；小盾片和后小盾片前缘两侧各具1个黄斑；腹部第1节背板前缘两侧各具黄色横斑（雄虫无），各节后缘具黄色窄带。

寄主与习性：捕食多种昆虫。

德国黄胡蜂 *Vespula germanica* (Fabricius)　　胡蜂科 Vespidae

形态特征： 雌虫体长15.0~18.0 mm，头与胸宽略等；触角黑色，两触角窝略隆起，具1个梯形黄斑；额及颅顶黑色；颊黄色；唇基端部具2个齿状突起，黄色；前胸背板前缘隆起，两侧具三角形黄斑，其余黑色，中胸背板黑色；小盾片横带状，黑色；腹部第1节背板中央具1个菱形黑斑，两侧各具1个靠近前缘的小黑色斑，第2~6节基部黑色，中央具凹陷宽带；翅基黄色；前、中足基节、转节及腿节基部大部黑色。雄虫体长15.0~17.0 mm，触角柄节下侧黄色，腹部7节。

寄主与习性： 捕食鳞翅目幼虫。

额斑黄胡蜂 *Vespula maculifrons* (Buysson)　　胡蜂科 Vespidae

形态特征： 雌虫体长17.0~22.0 mm，头顶及额部黑褐色；两触角窝之间具1个蝶形黄斑；胸部两肩角圆形，前缘极窄，邻中胸背板处黄色，余均黑色；并胸腹节向下垂直，中央具1条纵沟，两侧具2个棕红色斑；腹部具黑红色和黄色相间的条纹，第1节背板黑红色；翅基片黄色，翅浅棕色，前翅前缘色略深。

寄主与习性： 捕食鳞翅目昆虫。

北方黄胡蜂 *Vespula rufa* (Linnaeus)　胡蜂科 Vespidae

形态特征：雌虫体长13.0~17.0 mm，头宽略等于胸宽，黑色，密布浅刻点及黑色长毛；上颚黄色；触角、胸部黑色；腹部6节，黑黄色；翅基片中央棕色，周缘黄色，覆黑毛；足基节、转节黑色。雄虫腹部7节。

寄主与习性：捕食鳞翅目昆虫。

胡蜂 *Vespa* sp.　胡蜂科 Vespidae

形态特征：雌虫体长24.0~28.0 mm，头宽较胸部窄，但略宽于前胸背板前缘；前胸背板前缘中央略隆起，被中胸背板端部分开，肩角明显，前缘两侧黄棕色，其余均呈黑褐色，但有的个体肩角处各具1个棕色斑，具棕色毛；腹部第6节背板、腹板橙黄色，其余各节背板棕黄色与黑褐色相间；翅棕色；爪光滑无齿。

寄主与习性：捕食鳞翅目幼虫。

黑尾胡蜂近似种 *Vespa* sp.

胡蜂科 Vespidae

形态特征：雌虫体长25.0~38.0 mm，头宽窄于胸部；触角基部棕黄色，大部分黄色，端部黑褐色，两触角窝之间三角形平面隆起，向下伸达唇基基部；额沟可见；胸部棕色，被黄棕色毛；腹部6节，黑色；翅棕黄色，翅端蓝紫色；足腿节黑色，其余棕黄色。

寄主与习性：寄生于鳞翅目昆虫。

镶黄蜾蠃 *Anterhynchium flavomarginatum* (Smith)

蜾蠃科 Eumenidae

形态特征：雌虫体长20.0~25.0 mm，细腰，头宽窄于胸，头顶黑色；触角窝间黄色；额大部和上颊黑色；复眼内缘和后缘具黄色斑；腹部6节，第1节柄状，背板黑色，端缘黄色，腹板深棕色，与后腹间有缢缩，第2背板黑色，端缘1/3黄色，其余4节黑色。雄虫唇基黑色。

寄主与习性：捕食鳞翅目幼虫。

黄缘蜾蠃指名亚种 *Anterhynchium* (*Dirhynchium*) *flavomarginatum flavomarginatum* (Smith)

蜾蠃科 Eumenidae

形态特征： 雌虫体长15.0~18.0 mm，细腰，头宽于胸，头椭圆形，黑色；触角窝间黄色；腹部6节，背板黑色，第1、2节端缘具黄色带；翅褐色，透明，具蓝紫色金属光泽；足黑色。雄虫体长15.0~17.0 mm，唇基黄色，复眼后缘常有点状黄色斑。

寄主与习性： 捕食鳞翅目幼虫。

蜾蠃 *Anterhynchium* sp.

蜾蠃科 Eumenidae

形态特征： 成虫体长15.0~19.0 mm，腰较细，头宽于胸，头椭圆形，黑色；触角窝间黄色；唇基黄色；复眼后缘常具点状黄斑；腹部6节，背板黑色，第1、2节端缘具黄色带；翅褐色，透明，具蓝紫色金属光泽；足黑色。

寄主与习性： 不详。

日本元蜾蠃 *Discoelius japonicus* Pérez　蜾蠃科 Eumenidae

形态特征：雌虫体长12.0~16.0 mm，体黑色；头与胸同宽，额及头顶黑色；触角窝上侧具2个黄斑；上颊与复眼上部宽约相等，黑色；腹部第1节基部细，端部1/4加粗，第1、2节背板端缘黄色；翅透明，呈紫色金属光泽。雄虫略小，唇基端缘黄斑较宽。

寄主与习性：捕食鳞翅目幼虫。

东北元蜾蠃 *Discoelius manchurianus* Yasumatsu　蜾蠃科 Eumenidae

形态特征：成虫体长9.1~14.0 mm，头部正面观近似圆形；额上部两侧具1个“八”字形黄斑；前胸背板前缘截形，具肩角，肩部具黄色纵斑，其余均呈黑色，中胸长明显大于宽，呈黑色；腹部第1节近似球拍状，背板基部黑色，端部具1个大型叉状黄斑，第2、3节背板黑色，第4~6节背板、腹板黑色，第6节背板、腹板近似三角形，端部近钝形，腹板中央呈脊状隆凸；足腿节棕褐色，胫节棕色。

寄主与习性：捕食鳞翅目幼虫。

东北陆蜾蠃 *Eumenes mediterraneus manchurianus* Giordani Soika

蜾蠃科 Eumenidae

形态特征：成虫体长9.0~12.0 mm，唇基黑色，基半端两侧具黄斑，呈“八”字形；并胸腹节两侧具大黄斑；腹部第1节基半部细，端半部粗大，中部略靠后具1对黄色圆斑，后缘黄色，中部前缘具1个小凹陷，第2节中部具对称的黄色斜斑，第3、4节端缘黄色。

寄主与习性：捕食多种鳞翅目幼虫。

孔蜾蠃 *Eumenes punctatus* Saussure

蜾蠃科 Eumenidae

形态特征：雌虫体长10.0~14.0 mm，细腰，体黑色；额及颅顶部黑色；触角窝间具黄色斑；腹部6节，第1节柄状，各腹板黑色，第1~4节背板端缘带黄色，第5、6节背板黑色；足黑色，胫节和跗节棕色，爪有齿。雄虫体长约10.0 mm，腹部7节。

寄主与习性：捕食鳞翅目幼虫。

日本佳盾蜾蠃 *Euodynerus nipanicus* (Schulthess)　蜾蠃科 Eumenidae

形态特征：雌虫体长12.0~15.0 mm，头部宽略窄于胸部；触角柄节前缘黄色，其余黑色，梗节及鞭节黑色；颅顶部及颊部黑色，覆短毛；腹部第1~4节背板黑色，仅沿端部边缘具1个黄色横带，密布刻点及短毛；翅基片黄色，光滑无毛，翅棕色，前翅前缘色略深；各足基节、转节全呈黑色。雄虫体长8.0~11.0 mm，近似于雌虫，但体较小，唇基全呈黄色，触角末端节钩状，腹部共7节，中、后足基节前缘黄色。

寄主与习性：捕食鳞翅目蛾类害虫。

墨体胸蜾蠃 *Orancistrocerus aterrimus* (Saussure)　蜾蠃科 Eumenidae

形态特征：雌虫体长16.0~19.0 mm，头宽窄于胸；额、头顶、上颊及唇基黑色；唇基宽略大于长；上颚黑色，端部暗褐色，近基部具1块三角形黄斑；胸部黑色；腹部各节背板、腹板均黑色；翅深棕色，前缘色略深，具紫色光泽；足黑色，腿节端部及第5跗节棕色。

寄主与习性：捕食鳞翅目幼虫。

黑胸蜾蠃 *Orancistrocerus drewseni* (Saussure)　蜾蠃科 Eumenidae

又名土蜂、蠮螉、蒲卢、细腰蜂。

形态特征：形似蜜蜂，体型略小；雌虫体长16.0~20.0 mm，头部球形，触角细长，复眼卵形，具3个单眼，腹部7节，腰细。雄虫体长14.0~18.0 mm，近似雌虫，体型略小，体色斑较浅，单眼黄色，触角末端钩状，腹部7节。

寄主与习性：捕食鳞翅目昆虫。

福直盾蜾蠃 *Stenodynerus frauenfeldi* (Saussure)　蜾蠃科 Eumenidae

形态特征：成虫体长约8.0 mm，额、颊和颅顶部黑色；触角黑色，触角窝上部具黄斑；复眼后处具黄斑；唇基黑色，两侧具黄斑；上颚黑色，端部棕色；胸部圆柱状，中胸背板、中胸侧板和后胸侧板黑色；并胸背板黑色，两侧具黄斑；腹部第1节背板窄于第2节，均黑色，边缘黄色，第3~6节背板、腹板黑色；各足基节、转节黑色，腿节黑色，端部黄色。

寄主与习性：不详。

二带同蜾蠃 *Symmorphus bifasciatus* (Linnaeus) 蜾蠃科 Eumenidae

形态特征：成虫体长7.6~9.8 mm，头部宽略大于胸部；前胸背板黑色，前缘窄于头部宽，中胸背板全呈黑色，中部两侧各具1条上部略向外侧弯曲的侧沟；腹部第1节以细柄与胸部相连，柄极短，漏斗状向端部扩大，背板黑色，腹板近三角形，第2节背板黑色，仅于端部边缘具1条深黄色窄带，端部两角各具1个黄色横斑，第3节背板黑色，第4节背板端部边缘具1条窄黄带状边，其余呈黑色，无黄色带状边。

寄主与习性：捕食鳞翅目幼虫。

日本两室蛛蜂 *Aporus japonicus* Yasumatsu et Torikata 蛛蜂科 Pompilidae

形态特征：成虫体长10.0~17.0 mm，体黑色，圆筒形，密被暗褐色有光泽微毛；颜面强烈凸出；复眼内眶向上下均稍收敛；胸部两侧几乎平行，近向后方收窄，前胸背板幅宽，近于扁平；翅和翅脉暗黑褐色，稍透明；前足腿节大，中后足胫距均为其基跗节长度的一半。

寄主与习性：捕食蜘蛛等。

斑额棒带蛛蜂 *Batozonellus maculifrons* (Smith)

蛛蜂科 Pompilidae

形态特征：雌虫体长22.0~30.0 mm，体黑色；头部具2个黄褐色斑点；触角黄色至黑色；前胸背板后缘、中胸背板中央及两侧斑纹、翅基片、小盾片小斑点、腹部末端均黑褐色，具黄色斑；并胸腹节后侧角黑色；翅黄褐色，外缘及后缘具暗斑，翅脉黑褐色至赤褐色；足黑色，腿节端节及胫节、跗节具突刺。

寄主与习性：捕食蜘蛛等。

傲叉爪蛛蜂 *Episyron arrogans* (Smith)

蛛蜂科 Pompilidae

形态特征：雌虫体长7.0~11.0 mm，体黑色，密生微毛；颜面两侧细线、前胸背板后缘两侧细线白色，腹部第2~3节背板前缘两侧椭圆形纹白色；腹部具白色斑块，有时隐于前节下方；翅透明，带灰色，外缘青黑色带较狭窄，翅脉黑色；后足腿节红色，胫节浅红色，刚毛黑色至黑褐色，具突刺。

寄主与习性：捕食蜘蛛等。

激动锯胫沟蛛蜂 *Priocnemis irritabilis* Smith

蛛蜂科 Pompilidae

形态特征：雌虫体长10.0~22.0 mm，体黑色；腹部光泽强，具灰白色毛；唇基前缘宽阔且直；触角黑色，第3节明显长于柄节和梗节之和；并胸腹节较长，基部中线凹入，全部具极细刻皱；翅透明，稍带烟褐色，翅痣及翅脉黑色，近外缘具1条黑色横带；足黑色，具突刺和灰色短毛。

寄主与习性：捕食蜘蛛等。

红尾捷蛛蜂 *Tachypompilus analis* (Fabricius)

蛛蜂科 Pompilidae

形态特征：雌虫体长3.0~16.0 mm，体黑色；触角上区明显隆起；前胸背板后缘弧形，中央具细沟，侧缘近于平行，前侧下方圆形突出；并胸腹节后斜部位侧方具1个瘤；腹部第4节红色；翅透明，翅基片暗褐色。

寄主与习性：捕食蜘蛛等。

沙节腹泥蜂 *Cerceris arenaria* (Linnaeus)　方头泥蜂科 Crabronidae

形态特征：成虫体长9.0~18.0 mm，体黑色，具黄斑，体表具粗大刻点；唇基、额及侧颜、触角第1节、前胸背板两侧、后胸背板、腹部第1~5节或第2~5节后缘黄色；足黄色，腿节、胫节或具黑斑。雌虫唇基中上部具1个突出的半圆形片状结构，雄虫唇基无。

寄主与习性：成虫访花，捕捉象甲、叶甲等鞘翅目昆虫。

短鳞刺胸泥蜂 *Oxybelus quatuordecimnotatus* Jurine　方头泥蜂科 Crabronidae

形态特征：成虫体长5.0~6.0 mm，体黑色；触角黑色；腹面及端部红棕色；前胸背板领片中部黑色，其他部分鲜黄色，后胸背板的侧鳞叶鲜黄色；并胸腹节的片状突起黑色，不透明；翅基片、翅脉红棕色。

寄主与习性：成虫捕食丝光绿蝇作为子代食物。

山斑大头泥蜂 *Philanthus triangulum* (Fabricius)　方头泥蜂科 Crabronidae

形态特征： 雄虫体长10.0~13.0 mm，两触角之间的额部具“山”字形淡黄白色斑，其下具“凹”字形斑；唇基两侧具1簇黑色长鬓。雌虫体长12.0~17.0 mm，额部的“山”字形斑消失，或仅见“V”形斑；小盾片及后小盾片具黄色斑。

寄主与习性： 雌虫捕捉蜜蜂作为子代食物，成虫访花。

朝鲜豆短翅泥蜂 *Pison koreense* (Radoszkowski)　方头泥蜂科 Crabronidae

形态特征： 雌虫体长5.0~6.0 mm，体黑色；复眼密被细毛，内缘深内凹；触角12节(雄虫触角13节)，棒形；腹部第2~4节后缘黄棕色；前翅翅痣黑色，较小，具2个亚前缘室和2个盘室；足的节间(有时胫节)棕色。

寄主与习性： 用泥在光滑基质上做巢，常多个一起，成虫捕食蜘蛛作为子代食物。

条胸捷小唇泥蜂 *Tachytes modestus* Smith

方头泥蜂科 Crabronidae

形态特征：雌虫体长10.0~16.0 mm，体黑色；上颚基部、翅基片和翅脉、各腿节端部、胫节和跗节为红褐色；唇基和额被密的淡黄色软毛；前胸背板端部密被金黄色毛，臀板被稀的褐色刚毛；翅透明淡黄色。雄虫体长11.0~15.0 mm，腹部第1~5节背板端缘具宽的银白色毛带，臀板密被银白色毛。

寄主与习性：成虫捕食蝗虫若虫。

瘤额沙泥蜂 *Ammophila globifrontalis* Li et Yang

泥蜂科 Sphecidae

形态特征：雌虫体长16.0~23.0 mm，细腰，体黑色；触角柄节下侧、足腿节、胫节大部分和第1节背板两侧为橘黄色或红褐色；额中沟宽而深；单眼小；头部长毛多为白色或浅黄褐色，胸部长毛白色；腹部具弱金属蓝绿光泽；翅烟褐色；足无爪垫。雄虫体长17.0~23.0 mm，足及腹柄黑色，足有爪垫。

寄主与习性：捕食鳞翅目幼虫。

大分舌蜂 *Colletes gigas* Cockerell

分舌蜂科 Colletidae

形态特征：雌虫体长17.0~19.0 mm，体黑色，被黄褐色毛；头宽于长，颅顶后缘凹陷，刻点细小；中胸背板刻点密；腹部背板刻点不明显；翅浅褐色，翅脉及翅基片褐色；足被浅黄色毛，尤以后足转节及股节最长。雄虫体长13.0~16.0 mm，个体小，与雌虫区别为体毛长而密，唇基及颜面被长毛；腹部较短，第1~6节背板后缘被黄色宽毛带。

寄主与习性：访问荆条、向日葵、油菜、木槿、野菊花、苦荬菜等植物。

黄叶舌蜂 *Hylaeus floralis* (Smith)

分舌蜂科 Colletidae

形态特征：雌虫体长7.0~8.0 mm，体黑色，体毛极少；头宽与长相等；额稍突起；眼侧脊明显；腹部背板闪光，第1~2节背板光滑；翅基片后半部、翅脉及翅痣褐色。雄虫体长6.0~7.0 mm，触角柄节显著膨大而扁平。

寄主与习性：访问丁香、草木樨、蛇莓等植物，采集花粉繁殖后代。

山叶舌蜂 *Hylaeus monticola* Bridwell　分舌蜂科 Colletidae

形态特征： 成虫体长5.0~6.0 mm，体黑色，具黄色斑；触角柄节腹面黄色，鞭节红褐色，第1鞭节短，不长于第2鞭节；雌虫复眼内侧三角斑、前胸背板1对斑(有时无)、前胸背肩突、翅基片黄色；后足胫节基半部和第1跗节(或基大部)黄色。雄虫唇基黄色。

寄主与习性： 不详。

戈氏地蜂 *Andrena* (*Larandrena*) *geae* Xu et Tadauchi　地蜂科 Andrenidae

形态特征： 雌虫体长8.0~11.0 mm，体被黄色至白色毛；上唇枕突四边形，上唇端至枕突平；触角第1鞭节等长于第2、3鞭节之和，第2鞭节和第3鞭节长度相近，均宽大于长；腹背板第2~4节后缘具白色毛带，其中第2节毛带中部断裂；翅透明，稍带烟色，翅基片褐色，翅脉及翅痣黄褐色。雄虫体长7.0~9.0 mm，触角较长，但第1鞭节短于第2鞭节，第2鞭节及以后均长明显大于宽；翅脉及翅痣红棕色。

寄主与习性： 成虫访问迎春花、苹果树、梨树等植物。

柔毛地蜂 *Andrena (Euandrena) hebes* Pérez

地蜂科 Andrenidae

形态特征：雄虫体长8.0~9.0 mm，体黑色，被淡黄白色毛；头及胸部色稍深；触角第3节稍长于第4节，第4节宽大于长，第5节及以后长大于宽；腹背第2~4节后缘具淡黄白色毛带；足黑色，胫节端半部及跗节黄棕色。

寄主与习性：成虫访问毛樱桃等植物。

英彦山地蜂 *Andrena hikosana* Hirashima

地蜂科 Andrenidae

形态特征：雌虫体长6.0~8.0 mm，雄虫体长5.5~6.5 mm，体黑色，被淡黄白色毛；雄虫头部触角下方及复眼内侧毛较长；复眼内侧具1条灰白色短毛带；胸腹部刻点细，光亮；腹部第1节背板无毛，第2、3节两侧后缘具有毛斑，第4节后背面具有稀疏的白毛；前翅亚缘室3个，3室大于2室，翅脉棕色。

寄主与习性：成虫访问三裂绣线菊、毛樱桃、蒲公英、二月兰等植物。

皱刻地蜂 *Andrena magnipunctata* Kim et Kim　地蜂科 Andrenidae

形态特征：成虫体长9.5~11.0 mm，体黑色；上颚端部1/3红褐色；触角鞭节的腹面黑色；头胸部被淡褐色毛；腹部被白色毛，第2~4节后具紫色毛带。前翅半透明，淡褐色，翅脉及翅痣红褐色；胫节端距浅褐色。

寄主与习性：成虫访问蒲公英等。

一枝黄花地蜂 *Andrena solidago* Xu et Tadauchi　地蜂科 Andrenidae

形态特征：雌虫体长11.0~13.0 mm，唇基中央具纵向光亮无刻点区；触角第1鞭节长于第2、3鞭节之和，中部的鞭节长略大于宽；各腹节端缘具透明褐色带，腹部第2~4节后缘具淡黄色毛带；翅基片黑褐色，翅透明，稍带烟色，翅脉及翅痣黄褐色；足棕色至黑色。雄虫体长约10.0 mm，触角第1鞭节长于第2鞭节，第2鞭节长宽相近，稍短于第3鞭节；胸背的被毛比雌虫疏和短；腹背板第1、2节白色，第3~5节棕色，第2、4节端缘具较疏的白色毛带。

寄主与习性：成虫访问毛樱桃、菊科蓟属植物等。

黄胸地蜂 *Andrena thoracica* (Fabricius)　　地蜂科 Andrenidae

形态特征： 雌虫体长13.0~15.0 mm，体黑色；唇基中央具刻点，不具无刻点中线；胸部被黄褐色至红褐色毛，其余被黑色毛；腹背板第1~4节毛少而短，在第5、6节上毛长；翅浅褐色，透明，翅基片褐色。雄虫头部密被黑毛，胸腹部的毛较长。

寄主与习性： 成虫在土中筑巢，采集桃、毛樱桃、三裂绣线菊、紫穗槐、黄花草木樨等植物花粉，也会吸食木虱的蜜露。

巢菜地蜂 *Andrena viciae* Tadauchi et Xu　　地蜂科 Andrenidae

形态特征： 雌虫体长8.0~10.0 mm，触角腹面红棕色；上颚端部1/3或以上带红色；腹部第1~3节背面红棕色，其他腹节背面端部浅褐色；翅稍透明，棕色，翅脉及翅痣红棕色；后足胫节、胫节端距和基跗节红黄色。

寄主与习性： 成虫访问绣线菊、豆科植物等。

铜色隧蜂 *Halictus aerarius* Smith　　隧蜂科 Halictidae

形态特征：雌虫体长7.0~8.0 mm，体铜色；唇基端部具黄色斑；触角长，伸达并胸腹节，触角鞭节下表面黄褐色；颜面密被浅灰色毛；腹部第1~4节背板端部被灰黄色毛带；足胫节、跗节均淡黄色。雄虫体长6.0~7.0 mm，与雌虫区别为体细小。

寄主与习性：成虫访问荆条、月季、三叶草、菊等植物。

西部淡脉隧蜂 *Lasioglossum occidens* (Smith)　　隧蜂科 Halictidae

形态特征：雌虫体长9.0~11.0 mm，体黑色；头正面观圆形，宽大于高；胸背无金属光泽；腹背板基部具白色毛带，第3、4节后半部具暗褐色毛；翅基片黑褐色，翅脉多黄褐色。

寄主与习性：成虫访问金银木、三裂绣线菊等植物。

北京淡脉隧蜂 *Lasioglossum politum* (Blüthgen)　隧蜂科 Halictidae

形态特征：成虫体长3.0~5.0 mm，体黑色；腹部红棕色，基部中央具明显或不明显深色斑，背板上的毛较短小；翅基片红棕色，亚缘室3个，其中外侧2个的横脉很弱；足胫端及腿节黄棕色，胫节中部暗棕色。

寄主与习性：成虫访问枣、绣线菊、蒲公英等植物，采集花粉花蜜作为子代的食物。

乍毛淡脉隧蜂 *Lasioglossum proximatum* (Smith)　隧蜂科 Halictidae

形态特征：雌虫体长8.0~9.0 mm，体黑色；头宽大于高；触角第1鞭节不长于第2鞭节或第3鞭节，中间节不长于宽；两复眼内缘稍弧形；中胸盾片刻点细密；并胸腹节侧脊线明显，近直角形并入后胸后盾片的后缘脊；腹背板第2~4节基部具有白色横带，前两带中部变细或不显；前翅具3个亚缘室，第3室大于第2室。雄虫触角稍长，中部节长大于宽。

寄主与习性：成虫访问迎春花、毛樱桃、蒲公英等植物。

尖肩淡脉隧蜂 *Lasioglossum subopacum* (Smith)　隧蜂科 Halictidae

形态特征：雌虫体长9.0~11.0 mm，雄虫体长7.0~8.0 mm，雌虫黑色，刻点间光滑闪光；唇基端部具黄斑；触角长，伸达小盾片；腹部第1背板中部和端部刻点稍稀，刻点间光滑闪光；胸侧叶突、并胸腹节侧面、后截面、三角区、腹部第1背板基侧被白毛斑。雄虫似雌虫，较细小。

寄主与习性：成虫访问毛茛、玫瑰、野菊等植物。

褐足淡脉隧蜂 *Lasioglossum vagans* (Smith)　隧蜂科 Halictidae

形态特征：雌虫体长5.0~6.0 mm，体黑色，具白毛；上颚端部红褐色；触角鞭节黑褐色；后胸盾片被白色毡状毛；腹部背板光滑，具光泽；翅基片、翅脉浅黄褐色，翅透明；足黑褐色。雄虫体长5.0~6.0 mm，体细长，额唇基区密被白色毡状毛，唇基具1个黄色横条状斑，刻点圆；触角下表面黄褐色，念珠状，伸达小盾片；腹部背板端缘黄褐色；足黄褐色。

寄主与习性：成虫访问胡枝子等植物。

齿彩带蜂 *Nomia punctulata* Westwood

隧蜂科 Halictidae

形态特征：雌虫体长10.0~13.0 mm，体黑色，被毛少；头宽于长，窄于胸宽；复眼内缘弯曲；颊的最宽处显著窄于复眼；腹部黑色；翅基片膨大，近半圆形，内缘处凹陷。雄虫体长9.0~11.0 mm，腹部第2~5节背板端缘具蓝绿色彩带；后足腿节极膨大，外表面隆起，内表面凹陷。

寄主与习性：访问荆条、草木樨、向日葵、砂仁、蒲公英等植物。

黄胸彩带蜂 *Nomia thoracica* Smith

隧蜂科 Halictidae

形态特征：雌虫体长9.0~14.0 mm，体黑色；头长宽几乎相等；复眼内缘弯曲；上颚光滑具光泽，基部被少量细刻点；胸部被黄褐色绒毛；腹部各节背板除端缘较光滑无刻点外，均被细密刻点；翅基片膨大，褐色，光滑具光泽，外缘拱起，半圆形，内缘直；前足胫节及基跗节、中足及后足腿节、胫节及基跗节内侧均被褐色毛。

寄主与习性：访问荆条、鸭跖草等植物。

安棒腹蜂 *Rhopalomelissa yasumatsui* Hirashima

隧蜂科 Halictidae

形态特征：成虫体长8.0~9.0 mm，体褐色；触角棒状；前胸、中胸背板两侧、端缘、后胸背板被浅黄色毡状毛，中胸背板毛整齐且密；腹部第1~5节背板端缘具褐色宽带，被浅黄色毛带，各节腹板均被1排乳白色长纤毛；翅基片及翅脉暗褐色；足褐色，被乳白色毛。

寄主与习性：成虫访问菊科植物，在地下筑巢。

钢铁红腹隧蜂 *Sphecodes okuyetsu* Tsuneki

隧蜂科 Halictidae

形态特征：雌虫体长5.0~7.0 mm，头胸部黑色；上颚中部浅色，端部红色；触角第1鞭节短于第2鞭节或第3鞭节，后两节长度相等；腹部背板第1、2节及第3节基部红色，腹板第1、2节红色。雄虫腹部通常黑色，有时背板第1~3节端部红色。

寄主与习性：成虫访问蒲公英、枣树等植物。

粗点红腹隧蜂 *Sphecodes scabricollis* Wesmael　隧蜂科 Halictidae

形态特征： 雌虫体长6.0~7.0 mm，头、胸暗黄绿色，具弱金属光泽；触角柄节和鞭节下表面红黄色，梗节和鞭节上表面浅褐色；复眼蓝绿色，具强的金属光泽；唇基端半部黄棕色，基半部棕褐色；上颚端部暗红色，基部浅红黄色；前胸侧突顶端柠檬黄色，后胸背板中域红黄色，无金属光泽；翅淡黄白色，透明，翅基片淡棕黄色；足红黄色。

寄主与习性： 成虫访问皱叶一枝黄花。

七黄斑蜂 *Anthidium septemspinosum* Lepeletier　切叶蜂科 Megachilidae

形态特征： 雌虫体长14.0~15.0 mm，雄虫体长17.0~18.0 mm，体黑色，具黄斑，体毛少；触角窝、颊、中胸背板、各腿节及小盾片端缘被灰白色毛；唇基前缘被整齐的黄褐色毛；颅顶、各胫节及基跗节内侧被黄色毛，胫节外侧被灰白色毛。

寄主与习性： 成虫访问苜蓿、草木樨等植物。

箭尖腹蜂 *Coelioxys brevis* Eversmann　　切叶蜂科 Megachilidae

形态特征： 雌虫体长7.0~9.0 mm，体黑色，被灰白色或浅黄色斑点或毛束；颊最宽处为复眼宽的2/3；前胸背肩突脊状，中胸盾片基部具2个白毛斑；腹部第2~3节背板横沟完整且较深，第1~5节背板端缘具白色鳞毛带，第6节背板及腹板均细长，腹板显著长于背板，腹板顶端无凹。雄虫体长6.0~8.0 mm，颊窝具椭圆形光滑的小片，其边缘突出于颊端部边缘；腹部顶端具8齿，第2背板两侧无小窝，第4腹板端缘直，无凹。

寄主与习性： 盗寄生于膜翅目昆虫。

厚腹尖腹蜂 *Coelioxys crassiviventris* Friese　　切叶蜂科 Megachilidae

形态特征： 雌虫体长12.0~13.0 mm，体黑色；唇基被稀黄色毛，可见刻点；唇基端缘、颅顶端缘、胸侧、并胸腹节均被黄色毛；腹部第1~5节背板端缘具较宽的黄色毛带；翅褐色透明，闪紫色光泽，基半部色浅。雄虫体长10.0~11.0 mm，与雌虫主要区别为颊窝长而深，腹部端部具深凹，前足基节突长而钝。

寄主与习性： 不详。

红带尖腹蜂 *Coelioxys ruficincta* Cockerell

切叶蜂科 Megachilidae

形态特征：雌虫体长15.0~17.0 mm，体黑色，体毛少而短；头宽于长，颅顶后缘凹陷宽，颅顶、颊、胸侧及并胸腹节被少数灰黄色毛；触角柄节膨大；颜面被黄褐色毛；腹部细长，第1~5节背板后缘被黄色毛带，腹板两侧凹入，长于背板；翅褐色。雄虫体长13.0~15.0 mm，腹部第6节背板端缘两侧各具1个小齿。

寄主与习性：寄生于拟丘叶蜂。

双叶切叶蜂 *Megachile dinura* Cockerell

切叶蜂科 Megachilidae

形态特征：雌虫体长18.0~19.0 mm，体黑色，被毛较长；头宽于长；颜面、中胸背板及腹部各背板均被少量黑色毛；腹部第2~5节背板基部光滑，端部两节毛黑褐色；翅基部透明，端部2/3深褐色，具紫色光泽，翅基片黑褐色，翅脉深褐色。雄虫体长13.0~14.0 mm，与雌虫主要区别为体毛较长；腹部第2~5节背板基部光滑，中部及端部刻点细密，腹部第7节背板端缘中央凹；各足跗节外侧被浅黄色毛，内侧毛褐色。

寄主与习性：成虫访问荆条等植物。

条切叶蜂褐肩亚种 *Megachile faceta rufojugata* Cockerell 切叶蜂科 Megachilidae

形态特征： 雌虫体长12.0~13.0 mm，体黑色，较扁平；头稍宽于长；唇基前缘波浪状，中央具2个小突起；上颚4齿，外齿尖，内3齿钝且不明显；中胸背板及小盾片刻点密；腹部第2~5节背板基缘的横压刻点细密，中部光滑，端缘刻点细且浅，第2~3节背板两侧稍突起，部分刻点大且稀，各节背板端缘刻点较细；翅基片及翅褐色，端部2/3黑褐色；足褐色。雄虫体长9.0~10.0 mm，与雌虫主要区别为体较小；触角长超过后胸；唇基四缘及颜面被黄褐色长毛；腹部较短，第1~5节背板端缘两侧具白色毛斑，腹部第7节背板中央凹入深。

寄主与习性： 成虫访问益母草等植物。

蔷薇切叶蜂 *Megachile franguilla* Cockerell 切叶蜂科 Megachilidae

又名月季切叶蜂。

形态特征： 雌虫体长12.0~15.0 mm，头胸部具棕灰色长毛；复眼黑褐色，单眼浅褐色；触角黑色，12节；唇基长大于宽；胸背刻点粗圆且浅，中盾沟不及背板的一半，后缘密生长毛；腹部可见6节；翅2对，浅褐色，半透明；足黑褐色。雄虫体长约10.0 mm，头、胸部被浓密黄毛；腹节间毛带黄色，无腹毛刷。

寄主与习性： 成虫访问月季、蔷薇、茉莉等植物。

双斑切叶蜂 *Megachile leachella* Curtis　切叶蜂科 Megachilidae

形态特征：雌虫体长8.0~10.0 mm，体黑色，被黄褐色鳞毛，下表面灰色毛，上表面灰色或浅黄色毛；唇基两侧及颜面密被白色毛；中胸及小盾片刻点较唇基者小而密；腹部第1~5节背板端缘具白色毛带，第6节背板具2个圆白色毛斑，腹毛刷白色；足被白色短毛。雄虫体长9.0~10.0 mm，颜面密被浅黄色长毛；触角第2鞭节短于第3鞭节；前足腿节宽，端部黄褐色，扁平，内表面凹。

寄主与习性：成虫访问紫穗槐、草木樨、黄芪等植物，并可切月季、蔷薇等叶筑虫巢。

窄切叶蜂 *Megachile rixator* Cockerell　切叶蜂科 Megachilidae

形态特征：雌虫体长10.0~12.0 mm，体黑色；颅顶毛色较深；触角下表面黄褐色；胸部及腹部第1节背板被短黄褐色毛，胸侧毛较浅；腹部具黄色毛带，腹毛刷黄色，但基部白色；翅浅烟色，透明，翅基片及翅脉深褐色，颜侧及额均被浅黄色毛；足毛色浅。雄虫体长8.0~10.0 mm，与雌虫主要区别为唇基及颜面密被黄色毛；颅顶毛黄褐色；胸部中央毛色较深；腹部第6节背板端缘锯齿状，具6个齿，其间凹宽且深，表面密被黄色短毛；前足基跗节宽。

寄主与习性：访问鼠尾草、草木樨、水柳等植物。

苜蓿切叶蜂 *Megachile rotundata* (Fabricius)

切叶蜂科 Megachilidae

形态特征：雌虫体长8.0~9.0 mm，体黑色，被白色毛；翅透明，翅基片褐色，翅痣及翅脉黑褐色；并胸腹节被白色长毛；腹部第1节背板被白色毛，第2~6节背板被短而稀的黑色毛；腹毛刷白色，第6节腹板毛黑；腹板具宽的白色毛带；足黑色被白色毛，爪及距黄褐色。雄虫体长7.0~8.0 mm，与雌虫区别为腹部两侧平行；触角鞭节下表面黑褐色；腹部第2节背板两侧具椭圆形毛斑；亚端缘具齿，中央凹；腹板刻点稀。

寄主与习性：访问益母草、苜蓿，并可切月季等叶筑虫巢。

细切叶蜂 *Megachile spissula* Cockerell

切叶蜂科 Megachilidae

形态特征：雌虫体长10.0~11.0 mm，体黑色；头宽于长，颅顶端缘具宽凹，表面刻点粗大且不规则；颜面刻点细小；额隆起，刻点密呈皱状；颊窄于复眼宽，颊及中胸背板刻点粗大呈皱状；中胸背板及并胸腹节两侧毛较密；腹部细长，两侧平行，腹毛刷奶白色，端节具短的浅红色毛；翅浅褐色，透明，翅基片及翅脉黑褐色；后足基跗节基部宽于端部。雄虫体长7.0~8.0 mm，与雌虫主要区别为触角长达后胸端缘，颜面被浅黄色长毛，唇基端缘中央稍凹。

寄主与习性：访问砂仁、荆条和水柳等植物。

达戈切叶蜂 *Megachile (Creightonella) takoensis* Cockerell　切叶蜂科 Megachilidae

形态特征：雌虫体长17.0~18.0 mm，体黑色；头明显宽于长；唇基短宽，前缘平直，具不明显细小突起，中央及额两侧刻点粗且稀；上颚扁宽，基部具瘤状突，4个钝齿；触角柄节最粗，梗节长等于宽，各鞭节几等长；颅顶后缘稍凹陷，刻点细密；腹部各节背板刻点极细小且密；翅基片、翅脉及足黑褐色；足被稀而短的浅黄色毛，前足和中足胫节内表面、节及后节的表面密被金黄色至深褐色毛。

寄主与习性：成虫访花。

青岛切叶蜂 *Megachile tsingtauensis* Strand　切叶蜂科 Megachilidae

形态特征：雌虫体长10.0~11.0 mm，体黑色；唇基端缘中央具浅凹，表面刻点较大，端部不均匀，额、颊、颅顶刻点较唇基细密；中胸盾片刻点更细密，胸部及腹部第1节背板密被黄色毛，第2~5节背板具黄色毛带，腹毛刷黄色，端部两节褐色；翅浅色透明，翅基片、翅痣及翅脉均黄褐色；足黑褐色。雄虫体长9.0~12.0 mm，与雌虫主要区别为唇基、颜面及颊密被黄色长毛，颅顶被暗褐色毛，前足及中足基跗节外缘密被白色长毛，后足基跗节外被白色长毛。

寄主与习性：访问益母草、向日葵、毛莨等植物。

争切叶蜂 *Megachile rixator* Cockerell

切叶蜂科 Megachilidae

形态特征：雌虫体长10.0~11.0 mm，体黑色、较窄；腹部第2~5节背板端缘具窄黄褐色毛带，腹面基部毛刷色较浅；翅基片及翅脉深褐色，翅烟色透明；足黑色，距色浅。雄虫体长7.0~11.0 mm，唇基及颜面均密被黄色毛，颅顶毛栗色，胸部中央毛色较深，腹部7节。

寄主与习性：成虫访花。

角额壁蜂 *Osmia cornifrons* (Radoszkowski)

切叶蜂科 Megachilidae

形态特征：雌虫体长8.0~12.0 mm，体黑色，具铜色光泽，被浅黄色长毛；触角下表面暗褐色；颊、颜面、中胸被浅黄色并杂褐色毛；腹部第1~5节背板端缘具白色毛带，腹毛刷红褐色；翅透明，端缘暗，翅基片红褐色。雄虫体长8.0~10.0 mm，触角第1鞭节短于第2鞭节，颚眼距等于梗节长，复眼的内、外侧各具1~2排黑色长毛，头、胸及腹部第1~6节背板被灰白色及灰黄色毛；腹部第7节背板弧形，不具齿突；中足腿节下表面中央凸起。

寄主与习性：访问毛樱桃、蔷薇科、杨柳科、十字花科植物等，在芦苇等管洞内筑巢。

凹唇壁蜂 *Osmia excavata* Alfken

切叶蜂科 Megachilidae

形态特征： 成虫体长9.0~12.0 mm，体黑色，闪绿色光泽，被密而长的毛；头长宽相等，与胸等宽；上颚2齿，外齿尖；中胸背板及小盾片刻点较稀；腹部铜色，椭圆形，背板刻点细且稀；翅褐色透明，翅基片褐色，翅脉深褐色。

寄主与习性： 成虫访问桃、李、毛樱桃、杏、梨等林木，在竹竿内筑巢。

紫壁蜂 *Osmia jacoti* Cockerell

切叶蜂科 Megachilidae

形态特征： 雌虫体长8.0~9.0 mm，被红褐色毛；唇基两侧不具角状突起；腹部背板具紫色光泽，第1~5节背板端缘毛及腹部毛刷红褐色。雄虫体长7.0~8.0 mm，唇基及颜面具大片灰白色毛；头其他部分及胸具浅黄色毛；腹部第1~5节背板端缘具白色毛带，第7节背板端缘中央具半圆形凹陷；前翅仅2个亚缘室。

寄主与习性： 访问紫荆、毛樱桃、迎春花等植物，在土墙壁或具孔洞的物体内筑巢。

鞋无垫蜂 *Amegilla (Zonamegilla) calceifera* (Cockerell) 蜜蜂科 Apidae

又名鞋斑无垫蜂、青条花蜂。

形态特征：雌虫体长9.0~13.0 mm，体较窄小；触角柄节前表面乳白色；上颚2齿，基部褐黄色，端部黑褐色；眼侧及额被黑白混杂的毛；胸部被褐黄色毛；腹部卵圆形，黑色，第1~4节背板被黄绿色毛带，其余各节被稀疏黑色毛；足栗色。雄虫体长9.0~12.0 mm，主要区别是触角柄节前表面黄色，第1鞭节前表面端部褐红色。

寄主与习性：访问苦豆子等。

考氏无垫蜂 *Amegilla (Zonamegilla) caldwelli* (Cockerell) 蜜蜂科 Apidae

形态特征：雌虫体长13.0~15.0 mm，头宽于长，头部及腹部刻点均细密；额具三角形黄斑；上颚基部深黄色，端部栗褐色；触角柄节前表面具黄斑，第3~12鞭节黑褐色；眼侧、颅顶、触角窝间均被黑白混杂的毛；胸部被红色或黄褐色杂少量黑褐色毛；腹部背板被黑色短毛；后足胫节外表面被浅黄色毛，内表面和跗节被黑色毛。雄虫体长11.0~13.0 mm，与雌虫区别为唇基基部两侧黑斑靴状，前足胫节、跗节及中足、后足胫节外表面被浅黄色至白色毛，各足跗节被黑褐色毛。

寄主与习性：访问向日葵、菊、芝麻、豆等植物。

花无垫蜂 *Amegilla (Glossamegilla) florea* (Smith)　蜜蜂科 Apidae

又名花条蜂。

形态特征：雄虫体长13.0~14.0 mm，黄斑较雌虫多；眼侧区及触角柄节前侧具黄斑；腹部第7节背板后缘两侧具2个齿状突起，第1~5节后缘具浅黄色至白色毛带，第5节腹板端缘中央浅凹。雌虫体长15.0~17.0 mm，体被黄色毛及浅黄色毛带，具细小刻点；唇基稍隆起；上颚顶端、上唇前缘及基缘、唇基前缘、触角、足基节、转节及腿节均为褐色；胸侧及腹面具灰白色毛；翅褐色，透明，翅脉深褐色；足被黄色毛。

寄主与习性：是最主要的传粉昆虫，可访问多种植物的花。

褐胸无垫蜂 *Amegilla mesopyrrha* (Cockerell)　蜜蜂科 Apidae

形态特征：雌虫头部具黄斑，体被红褐色毛；上颚基部、上唇、唇基及额上三角形斑黄色；唇基隆起，中央稍凸起，刻点较粗大；颊最宽处显著窄于复眼；颅顶后缘平直，刻点密；胸部及腹部各背板刻点细密；翅基片褐色，翅浅褐色，透明，翅脉深褐色；足红褐色，密被红褐色毛。雄虫体长12.0~15.0 mm，与雌虫区别为腹部第1~2节背板端缘为黄色毛带，后足胫节外侧被黄色毛，内侧被黑色毛。

寄主与习性：访问砂仁。

东亚无垫蜂 *Amegilla (Zonamegilla) parhypate* Lieftinck　蜜蜂科 Apidae

形态特征：雄虫体长11.0~12.0 mm，体黑黄色；头部毛浅黄色杂有黑色，颅顶中部被黑色长毛；触角远端暗红褐色；胸部被浅黄色杂有黑色毛，胸侧大部分被浅黄色毛，近腹面具白色毛；腹部背板刻点稀且少，被黑色短毛，腹板黑褐色；翅基片褐色，翅透明；足黑褐色。雌虫体长12.0~13.0 mm，与雄虫主要区别是上唇稍厚，中央小瘤状，唇基黑斑大，内缘平行；腹部毛带较雄虫色鲜，腹面被黑色长毛；后足腿节顶端毛白色，胫节毛刷浅黄色。

寄主与习性：访问水柳、荆条等植物。

绿条无垫蜂 *Amegilla zonata* (Linnaeus)　蜜蜂科 Apidae

形态特征：雌虫体长11.0~15.0 mm，唇基隆起，中央平滑，上唇及唇基被黄色短毛；颅顶及胸部背板密被黄色及黑褐色混杂的毛，胸侧板及并胸腹节密被黄色毛；腹部扁平，各节背板被黑色短毛；翅浅褐色，透明，翅脉黑褐色。雄虫体长10.0~14.0 mm，与雌虫区别是唇基黑斑很小，腹部第7节背板端缘具2小齿。

寄主与习性：访问苜蓿、荆条、油菜、木槿等植物。

黑颚条蜂 *Anthophora melanognatha* Cockerell 蜜蜂科 Apidae

形态特征：雌虫体长13.0~19.0 mm，唇基、上颚全黑色；头及胸部被灰白色及黑褐色毛；腹部背板第1节及第2~4节后缘具灰白色毛带；前足腿节及胫节外侧具黄色长毛，中足后足胫节及跗节外侧具金黄色毛，内侧为黑褐色。

寄主与习性：访问毛樱桃、桃、迎春花等植物。

继条蜂 *Anthophora patruelis* Cockerell 蜜蜂科 Apidae

形态特征：雄虫体长13.0~14.0 mm，体黑色；上唇(除基部两侧的圆形黑褐色斑)、唇基(除前幕骨陷小黑点)、颜侧靠唇基基部外侧各条纹、触角柄节前表面为黄色；胸部及腹部第1节背板被灰黄色长毛，第2~4节背板端缘具白色毛带；翅基片、翅脉黑褐色；足黑褐色，胫节端距及跗节浅褐色(跗节端节大部黑褐色)。

寄主与习性：访问榆叶梅等植物。

盗条蜂 *Anthophora (Melea) plagiata* (Illiger)　蜜蜂科 Apidae

形态特征：雌虫体长12.0~16.0 mm，唇基密被排列整齐的粗大刻点，上唇基部具小刻点；颜面被灰白色或灰黄色毛；颅顶两侧被稀而长的黑毛；头、胸及腹部第1节背板被灰黄色毛；翅基片、翅脉及翅痣褐色；足被灰黄色或灰白色毛。雄虫体长10.0~14.0 mm，与雌虫区别为唇基、上唇、上颚大部分黄色，毛色似雌虫，变化很大；胸部及腹部第1节背板被灰黄色或黄褐色或红褐色毛。

寄主与习性：访问委陵菜等植物。

中华蜜蜂 *Apis cerana* Fabricius　蜜蜂科 Apidae

又名东方蜜蜂，简称中蜂。

形态特征：雌虫体长13.0~16.0 mm，体密被黄色短毛；腹部颜色因地区不同而有差异，有的较黄，有的偏黑；吻长平均5.0 mm；两种体色，一种是腹节有明显的褐黄色环，整个腹部呈暗褐色；另一种的腹节无明显褐黄色环，整个腹部呈黑色；翅透明无色，翅脉黄色；足黄褐色。雄虫体长11.0~14.0 mm，体黑色。

寄主与习性：重要的传粉昆虫，可访问多种植物。

意大利蜜蜂 *Apis mellifera* Linnaeus

蜜蜂科 Apidae

又名西方蜜蜂，简称意蜂。

形态特征：成虫体长12.0~16.0 mm，体形比黑蜂略小，腹部细长，吻较长（6.3~6.6 mm）；腹板几丁质颜色鲜明，在第2~4腹节背板的前部具黄色环带，但黄色区域的大小和色泽深浅有很大变化，有的蜂群较宽而浅，有的窄而深；浅色的蜂种，常具黄色小盾片，绒毛亦具黄色。雄虫覆毛短，绒毛带宽而密。

寄主与习性：重要的传粉昆虫。

红光熊蜂 *Bombus ignitus* Smith

蜜蜂科 Apidae

又名亮熊蜂。

形态特征：雄虫体长20.0~22.0 mm，雌虫体长15.0 mm，雄工蜂体长14.0~16.0 mm，雄虫体毛短且致密；头顶、颜面、胸部、腹部第1~3节背板和足被黑色毛，腹部第4~6节背板被橘红色毛；唇基横宽，表面具致密且很明显的刻点；颚眼距宽于长；足棕色。

寄主与习性：重要的传粉昆虫，访问山桃、山杏、毛樱桃、苜蓿、胡枝子等植物，也可吸食木虱等昆虫分泌的蜜露。

仿熊蜂 *Bombus* (*Tricornibombus*) *imitator* Pittioni　　蜜蜂科 Apidae

形态特征： 雌虫体长17.0~20.0 mm，体毛长且不整齐；头顶、颜面被黑褐色长毛；上唇沟浅且窄，唇基中央较光滑，具稀疏细小刻点，边缘刻点细密；胸部间带中部较宽，两侧渐窄被黑褐色毛，边缘混有褐黄色毛，界线不明显，背板被褐黄色毛；腹部腹面被土黄色毛；后足花粉篮表面光滑。雄工蜂体长16.0 mm，与雌虫区别是体毛中的褐黄色毛略浅为土黄色，个别个体胸部间带不明显或全部被土黄色毛。

寄主与习性： 重要的传粉昆虫。

富丽熊蜂 *Bombus opulentus* Smith　　蜜蜂科 Apidae

形态特征： 雌虫体长18.0~20.0 mm，黑色和黄色相间，体毛致密且整齐；颜面被稀疏的黑褐色长毛；上唇瘤圆钝，上唇大且平直；颚眼距近方形；头顶、胸部背板、小盾片及腹部背板第1、2节被橘黄色毛；足除跗节外被黑褐色毛，跗节被褐色毛，后足花粉篮表面光滑具细微网纹。

寄主与习性： 访问胡枝子、荆条等植物。

密林熊蜂 *Bombus patagiatus* Nylander　蜜蜂科 Apidae

形态特征： 雌虫体长15.0~18.0 mm，雄虫体长12.0~14.0 mm，工蜂体长8.0~13.0 mm，体黑色，体毛短齐且致密；颜面被稠密羽状土黄色绒毛，边缘混有稀疏的黑褐色长毛，头顶被少量浅灰色绒毛及黑褐色长毛；胸背淡黄色或灰白色，中间具黑带；腹部背板前2节黄色或淡黄色，腹部背板第3节黑色，后面白色，或雄虫腹部背板第3、4节黑色，第5节后被黄褐色毛。

寄主与习性： 访问珍珠梅、鼠尾草、油菜、玫瑰、黄刺玫等植物。

火红熊蜂 *Bombus pyrosoma* Morawitz　蜜蜂科 Apidae

形态特征： 雄虫体长18.0~19.0 mm，雌虫体长约10.0 mm，工蜂体长约12.0 mm，雄虫头顶、颜面、中胸背板至胸侧和腹部第1节均被黑色毛；唇基较平，表面除基部中央区域光滑外有大小不等的刻点；颚眼距长大于宽；腹部第2~5节背板被锈红色毛，第6节背板光滑，端缘被锈红色短绒毛；后足花粉篮表面网纹稠密。

寄主与习性： 访问胡枝子、苜蓿、委陵菜等植物。

地熊蜂 *Bombus terrestris* (Linnaeus)　　蜜蜂科 Apidae

形态特征：雌虫体长18.0~22.0 mm，雄虫体长约15.0 mm，工蜂体长12.0~16.0 mm，雌虫体毛密而整齐，黑色；胸颈和腹部第2节被柠檬黄色毛；腹部第4节后端、第5节及第6节两侧被白色毛。工蜂似雌虫，黄色毛更浅些。雄虫头部、胸部两端及腹基部2节被柠檬黄色毛。

寄主与习性：原产新西兰，中国曾引入用于北方温室的授粉。

黄芦蜂 *Ceratina flavipes* Smith　　蜜蜂科 Apidae

形态特征：雌虫体长8.0~9.0 mm，体黑色，具黄斑纹，被稀疏浅黄色毛，刻点较少；头稍宽于长，颅顶后缘稍凹陷；颊最宽处稍宽于复眼；颜面光滑；中胸背板周缘及小盾片后缘刻点细密；并胸腹节中央小区被纵皱褶；腹部第1节背板光滑，第2~6节背板刻点密而浅。雄虫体长5.0~7.0 mm，似雌虫，主要区别为黄斑多；上颚基部、上唇、唇基、眼侧、额上的斑及足的跗节均为黄色；腹部第7节背板后缘中央尖，两侧稍凹入。

寄主与习性：访问荆条、蒿、砂仁、苦荬菜等植物。

拟黄芦蜂 *Ceratina (Ceratinidia) hieroglyphica* Smith　蜜蜂科 Apidae

形态特征：雌虫体长8.0~10.0 mm，细腰，体黄色；触角短，黄色；腹部第1、2节黄色，其余黑色；翅黄褐色，翅前缘黑色；足黄色。雄虫体长6.0~7.0 mm，形似黄芦蜂，主要区别是雌虫唇基黄斑呈“山”形，雄虫腹部第7节背板端缘中央凹入。

寄主与习性：访问砂仁、荆条、牵牛花、草木樨等植物。

凹盾斑蜂 *Crocisa emarginata* Lepeletier　蜜蜂科 Apidae

形态特征：雌虫体长9.0~14.0 mm，体黑色，多处具黄色毛；头、胸、腹部背板刻点均细密；颅顶后缘圆；唇基突出；额具明显的脊；颊极窄小；触角窝周围被黄色长毛；小盾片平且大；翅深褐色，翅脉黑色；足黑色，被棕黄色绒毛。

寄主与习性：访问草木樨、马鞭草等植物。

黑跗长足条蜂 *Elaphropoda nigrotarsa* Wu　蜜蜂科 Apidae

形态特征：雌虫体长14.0~17.0 mm，体黑色；头宽大于长；唇基隆起，中央具明显的脊，唇基刻点为整齐排列的稀毛孔；触角深褐色，第1鞭节等于第2、3鞭节之和；单眼周围刻点较稀；中胸背板及小盾片刻点较密；腹部第1~4节背板及腹板端缘褐色，各节背板刻点浅而密，第1~3节的较稀，第4~5节的较密，臀板端部圆，褐色；翅基片褐色，翅脉深褐色；足褐色，后足基节黑褐色。

寄主与习性：成虫访花。

北京长须蜂 *Eucera (Hetereucera) pekingensis* Yasumatsu　蜜蜂科 Apidae

形态特征：雌虫体长14.0~17.0 mm，触角窝、颊及并胸腹节两侧被白毛；颅顶后缘、中胸背板、侧板基腹部第1节背板被灰黄色毛，第2~6节背板被金黄色短毛；触角第1鞭节长度等于第2、3鞭节之和；中足及后足跗节被黑毛，后足毛刷金黄色。

寄主与习性：访问毛樱桃、山桃、迎春花、榆叶梅、丁香、紫薇等植物。

模仿回条蜂 *Habropoda imitarix* Lieftinck

蜜蜂科 Apidae

形态特征：雄虫体长11.0~13.0 mm，体黑色；唇基密被小刻点，上颚基部黄色，端半部枣红色；触角柄节前表面黄色，鞭节黑褐色，触角第1鞭节稍长于第2、3鞭节之和；腹部黑色，腹板端缘红褐色，腹部第2~6节背板端缘密被宽黄色毛带；翅基片褐色，翅褐色透明，翅脉色深；足黑褐色，距黄褐色，足毛黄色，腿节毛色浅，后足基跗节外表面被稀的黄毛。

寄主与习性：访问荆条、益母草等植物。

中华回条蜂 *Habropoda sinensis* Alfken

蜜蜂科 Apidae

形态特征：雌虫体长13.0~15.0 mm，体黑色，被黄毛；触角窝及颅顶灰黄色；上颚端部、上唇、唇基前缘及基部两大斑、额、触角及足均为红褐色；颊、眼侧区、胸侧及前足腿节外侧被白毛；中胸背板被黄色及深褐色混杂的毛；腹部第1~5节背板端缘具黄色毛带，第2~5节背板被短黑毛；翅浅褐色，透明，翅基片浅褐色，翅脉深褐色。雄虫体长11.0~13.0 mm，与雌虫主要区别为触角第1鞭节稍长于第2鞭节，唇基黄色，额唇基区具三角形黄色斑。

寄主与习性：传粉昆虫，访问荆条等植物。

彩艳斑蜂 *Nomada xanthidica* (Cockerell)

蜜蜂科 Apidae

形态特征：雌虫体长16.0~19.0 mm，似马蜂；头、唇基、额上的四方形斑、复眼周缘红黄色或黄色；触角棕红色；小盾片窄，具2个较尖的瘤突；腹部棕红色，第1节基部黑红色，第2~5节具宽黄色带；前翅基脉离肘臀横脉较远；雌虫中胸背板具4条红色或红黄色纵带，雄虫只见两侧2条纵带或不显。

寄主与习性：盗寄生于其他蜂类的巢内。

角拟熊蜂 *Psithyrus cornutus* Frison

蜜蜂科 Apidae

形态特征：雄虫体长15.0~18.0 mm，雌虫体长9.0~11.0 mm，雄虫体毛长且致密；头顶、颜面、胸部（除黑色间带外）、胸侧、小盾片和腹部第1~2节背板被金黄色毛，第3节背板被黑色毛，第4~6节背板被锈红色毛；侧单眼与复眼距离为侧单眼直径的2倍，无刻点区大，界线清楚；上唇沟长且深，其宽为触角第3节长的1.8倍；后足胫节表面粗糙，被长且密的黑色毛。

寄主与习性：访问萝藦等植物。

中国四条蜂 *Tetralonia chinensis* Smith

蜜蜂科 Apidae

形态特征：雌虫体长14.0~15.0 mm，体黑色；唇基稍隆起，刻点粗且密呈皱状，前缘平滑；颜面、颅顶及颊被细小刻点；触角第3鞭节至末节红褐色；胸部及腹部第1~5节背板刻点细密，端缘平滑；腹部第1~3节背板端缘黑褐色，臀板栗色，第2~4节背板端缘具宽的白色毛带；翅透明，翅基片及翅脉黄褐色。

寄主与习性：成虫访花。

喜马盾斑蜂 *Thyreus himalayensis* (Radoszkowski)

蜜蜂科 Apidae

形态特征：成虫体长8.0~9.0 mm，体黑色，具青绿色毛斑；中胸盾片中央的毛斑短小，不及背板长的1/2；腹部第1节两侧的毛斑呈"L"形，第2~4节的毛斑中央断裂处很宽，其中第3节外侧另有1个分离的小斑（有时相连）；翅烟黑色，一些区域色浅。

寄主与习性：幼虫盗寄生其他蜂类，成虫访花。

白绒斑蜂 *Triepeolus ventralis* (Meade-Waldo) 蜜蜂科 Apidae

形态特征：成虫体长8.0~13.0 mm，体黑色，具白色毛斑；触角窝两侧和颊黑色；前胸背板、中胸背板中央2纵条及其侧缘和后缘、中胸侧板大“L”形与后盾片黑色；腹部第1节背呈括号形（其中前端几乎相接）、第2~5节后缘（中央间断）和第6节腹板两侧黑色，第6节腹板后缘具1对枝状外突，内缘具刷状毛；后足基节外侧和各足胫节外侧黑色。

寄主与习性：盗寄生长须蜂等蜂类，成虫访花。

黄胸木蜂 *Xylocopa appendiculata* Smith 蜜蜂科 Apidae

形态特征：成虫体长24.0~26.0 mm，体被黄褐色毛；颅顶后缘、中胸、小盾片及腹部第1节背板前缘被黄色毛；颜面被深褐色毛；中胸背板中央具1个光滑闪光小黑点，胸部及腹部第1节背板毛黄色；腹部末端后缘被黑毛；翅褐色，端部较深稍闪紫光；足被红褐色毛，但足胫节外侧为黄色毛。

寄主与习性：独居蜂，访问苜蓿、荆条、木槿、蜀葵等植物。

中华木蜂 *Xylocopa* (*Koptortosoma*) *sinensis* Smith

蜜蜂科 Apidae

形态特征：雌虫体长24.0~26.0 mm，体黑色；头宽于长；颅顶后缘、颊、中胸、腹部第1节背板及第2~3节背板两侧均被黄色长毛，唇基、额及腹部第5~6节背板被黑褐色毛；翅褐色，顶角色深，具紫色光泽；各足胫节及跗节被红褐色毛，尤以后足的毛为长。雄虫体长24.0~25.0 mm，与雌虫区别为体被黄色长毛。

寄主与习性：访问山桃、向日葵、长春花、大丽花、海棠花等植物。

蜘蛛目

Araneae

三突花蛛 *Ebrechtella tricuspidata* (Fabricius)　蟹蛛科 Thomisidae

又名三突伊氏蛛、三突爱蛛。

形态特征：雌蛛体长4.0~6.0 mm，体色多变，有绿色、白色和黄色等；两眼列均后曲，前侧眼较大并靠近，余眼等大，均位于眼丘上；腹部呈梨形，前宽后窄，腹背斑纹变化较大，有3种基本类型：无斑型、全斑纹型及介于两者之间的中间斑纹型。雄蛛体长3.0~5.0 mm，背甲红褐色，头胸部边缘呈深褐色；具2对步足的膝节、胫节、后跗节的后端为深棕色；触肢器短而小，末端近似1个小圆镜；胫节外侧具1个指状突起，顶端分叉，腹侧另有1个小突起。

寄主与习性：捕食棉铃虫、沙节腹泥蜂等昆虫。

条纹绿蟹蛛 *Oxytate striatipes* (L. Koch)　蟹蛛科 Thomisidae

形态特征：雌蛛体长9.0~12.0 mm，体翠绿色；头胸扁平少毛，头区窄，具刚毛；前侧眼最大，后侧眼次之，后中眼与前中眼较小；腹部长卵圆形，后端似分节状；螯肢无齿，左右颚叶的端部在体中轴相会合，步足跗节爪下有毛簇。雄蛛体长7.0~11.0 mm，成熟后头胸部及前两对足的腿节基端呈红褐色。

寄主与习性：捕食苍蝇、金花虫等小型昆虫。

鞍形花蟹蛛 *Xysticus ephippiatus* (Simon)

蟹蛛科 Thomisidae

形态特征： 雌蛛体长4.0~8.0 mm，体褐色或浅黄褐色；头胸背面两侧有黑褐色纵纹，中央浅褐色，具1条浅褐色线，头胸部前缘有数根黑刺；第1、2对步足比后两对均长，且粗大，色泽较深，具深褐色斑点。雄蛛体长4.0~5.0 mm，头胸、腹部呈黑褐色；第1、2对步足的腿节、膝节均呈黑褐色，其他各节浅黄色，与雌蛛有明显差别。

寄主与习性： 捕食小型昆虫。

条纹花蟹蛛 *Xysticus striatipes* (L. Koch)

蟹蛛科 Thomisidae

形态特征： 雌蛛体长5.0~7.0 mm，体淡黄色，背甲长宽相等，两侧具红棕色纵带；眼区白色；额前缘具8根刚毛，额高略大于前中眼间距之半；下唇长大于宽；第1、2步足长且粗；腹部卵圆形，密被褐色毛，背面两侧具明显的平行纵褶，中部为横的凹陷，具棕色斑点。雄蛛体长5.0~6.0 mm，第1、2对步足比雌蛛更长；腹部较头胸部窄长，具白色和红棕色相间的条纹和斑纹。

寄主与习性： 捕食小型昆虫。

岛红螯蛛 *Cheiracanthium insulanum* (Thorell)　　管巢蛛科 Clubionidae

又名岛生红螯蛛。

形态特征：雌蛛体长6.0~14.0 mm，体细长，红褐色，背甲红黑色或红褐色；眼区后方的头区稍高；螯肢深褐色；颚叶长大于宽；腹部长卵圆形，密被白色短毛与稀疏褐色长毛，背面无明显斑纹。雄蛛稍小于雌蛛，体色一致；触肢跗节外侧面具1条向后延伸的沟。

寄主与习性：捕食小型昆虫。

跳蛛 *Euophrys* sp.　　跳蛛科 Salticidae

形态特征：雌蛛体长4.0~6.0 mm，背甲黄褐色，具褐色绒毛；头区前端的宽度相当于胸区宽的一半；触肢和步足黄褐色，具多个黑色环形斑纹；腹部背面黄褐色，具褐色斑纹和浅褐色绒毛。

寄主与习性：捕食小型昆虫。

白斑猎蛛 *Evarcha albaria* (L. Koch) 跳蛛科 Salticidae

形态特征： 雌蛛体长5.0~9.0 mm，眼区占头胸部一半，黑褐色；额部有白色长毛；螯肢红褐色，步足黄褐色，有浅色环纹；胸板橙黄色，或具黑褐色细斑纹；腹部背面黄褐色，具3~4条黑褐色弧形横纹，腹面橙黄色，具少量黑斑。雄蛛体长4.0~6.0 mm，体色较深，触肢后端背面白色。

寄主与习性： 捕食小型昆虫。

花带猎蛛 *Evarcha flavocincta* (L. Koch) 跳蛛科 Salticidae

又名黄带猎蛛。

形态特征： 雌蛛体长9.0~10.5 mm，体淡灰黄褐色；眼域内灰白色；腹背密生波纹状的黑色纵纹，近腹端有1对圆弧状的黑斑。雄蛛体长6.0~8.0 mm，体型较小；腹背黑色，中央具1条灰白色的纵带。

寄主与习性： 捕食小型昆虫。

蝇虎 1 *Rhene* sp.1

跳蛛科 Salticidae

形态特征：雌蛛体长5.0~6.0 mm，背甲黄褐色，除后中眼后部和背甲后部中央区外，其他部位均具大量白色绒毛；触肢具白色绒毛，螯肢黄褐色，步足棕褐色，具黄色绒毛；腹部棕褐色。

寄主与习性：捕食小型昆虫。

蝇虎 2 *Rhene* sp.2

跳蛛科 Salticidae

形态特征：雌蛛体长5.0~6.0 mm，背甲棕黄色，除后中眼后部和背甲后部中央区外，其他部位均具大量灰白色绒毛；触肢、螯肢、步足具棕灰色绒毛；腹部灰白色。

寄主与习性：捕食小型昆虫。

蝇虎 3 *Rhene* sp.3

跳蛛科 Salticidae

形态特征： 雌蛛体长5.0~6.0 mm，体棕色；背甲黄褐色，除后中眼后部和背甲后部中央区外，其他部位均具大量灰色绒毛；触肢、螯肢、步足被灰色绒毛和黑褐色斑；腹部灰褐色。

寄主与习性： 捕食小型昆虫。

蝇虎 4 *Rhene* sp.4

跳蛛科 Salticidae

形态特征： 雌蛛体长5.0~6.0 mm，背甲黄褐色，背甲后部被大量白色绒毛；触肢、螯肢、步足褐色，被灰白色绒毛和黑色环带；腹部褐色，被灰白色绒毛，呈条带状，向腹端渐短，两侧具黑斑。

寄主与习性： 捕食小型昆虫。

褐蚁蛛 *Myrmaracfine* sp.　　跳蛛科 Salticidae

形态特征：雌蛛体长5.0~7.0 mm，体暗黑褐色；头胸部头区与胸区之间的沟稍浅；第1对足节前后两侧具明显的黑斑，第2对足淡黄色，第3、4对足黑褐色；腹柄背面淡黄色，腹部相对粗短，后端最宽，具白色短毛。

寄主与习性：捕食小型昆虫。

灰蚁蛛 *Myrmaracfine* sp.　　跳蛛科 Salticidae

形态特征：雌蛛体长5.0~9.0 mm，体灰褐色，形态极似蚂蚁；头胸部的头区明显宽且高于胸区；螯肢稍前伸，步足褐色；腹柄相对较短，腹部近卵圆形。雄蛛成虫体稍小于雌蛛，形态与雌蛛相近，螯肢明显前伸。

寄主与习性：捕食小型昆虫。

棒络新妇 *Nephila clavata* L. Koch　络新妇科 Nephilidae

形态特征： 雌蛛体长17.0~26.0 mm，体色非常艳丽；胸板三角形；螯肢短粗，黑褐色；腹部侧面黄色，后半部近顶部具2条较宽的红色斜条斑，背面观长卵圆形，黄色，具5条蓝绿色横带。雄蛛体细小。

寄主与习性： 织不规则网，捕食入网的昆虫。

尖蛛 *Aculepeira* sp.　园蛛科 Araneidae

形态特征： 雌蛛体长7.0~9.0 mm，背甲黄褐色，密被白色毛；头部稍隆起，色淡，头区具白色长毛；颈沟和放射沟褐色；胸甲褐色，光滑；步足黄褐色；腹部背面的心脏斑灰褐色，叶状斑白色，一直延伸至后端，叶状斑第2对分支最宽，中后端外侧具3对小的白色斑点，背面与两侧具明显的白色界线。

寄主与习性： 织不规则网，捕食入网的昆虫。

日本壮头蛛 *Chorizopes nipponicus* Yaginuma　园蛛科 Araneidae

形态特征： 雌蛛体长4.0~6.0 mm，背甲黑褐色；头区及胸区呈球状隆起，两后中眼之间具2条细线纹直达头区后缘；胸板三角形，黑褐色；颚叶黄褐色，下唇黑褐色；螯肢黑褐色，步足纤细无刺，黄褐色，具褐色环纹；腹部钟形，末端具4个锥状突起，后面观呈菱形排列，背面布满白色鳞片状斑，沿两侧向腹面逐渐减少，两侧除白色鳞斑之外，其余部位黑褐色。

寄主与习性： 捕食小型昆虫。

大腹园蛛 *Araneus ventricosus* (L. Koch)　园蛛科 Araneidae

形态特征： 雌蛛体长17.0~30.0 mm，体色在个体间有差异，一般呈黑灰褐色；中窝横向，螯肢粗壮，步足粗壮；腹部前端两侧的肩角隆起，心脏斑白色或黄褐色，两侧及腹面暗灰色或褐色。雄蛛体长12.0~17.0 mm，中窝横凹呈坑状，步足较雌蛛长。

寄主与习性： 捕食鳞翅目、鞘翅目、半翅目和直翅目害虫。

梅氏新园蛛 *Neoscona mellotteei* (Simon) 园蛛科 Araneidae

形态特征： 雌蛛体长5.0~9.0 mm，背甲褐色，被银白色绒毛；颈沟和放射沟明显，中窝纵向，褐色；胸甲、螯肢、触肢、颚叶、下唇和步足皆黄褐色，步足具黄褐色环纹；腹部背面嫩绿色或黄绿色，前缘具1个黄色半月带，中、后部两侧具黄色横向排列的点斑。

寄主与习性： 捕食瓢虫等多种小型昆虫。

新园蛛 *Neoscona* sp. 园蛛科 Araneidae

形态特征： 体长5.0~14.0 mm，背甲梨形，黄褐色或黑褐色，表面密被细毛；前眼列和后眼列均后凹，前中眼间距大于前中眼的直径，后中眼间距小于后中眼的直径，前中眼最大，或与后中眼近乎等大，后侧眼最小；触肢、步足黄绿色；腹部呈卵圆形，长大于宽。

寄主与习性： 捕食小型昆虫。

利氏舞蛛 *Alopecosa licenti* (Schenkel) 狼蛛科 Lycosidae

又名北舞蛛、双窗舞蛛。

形态特征：体长12.0~13.0 mm，背甲棕红色，长大于宽，两侧具黑褐色较宽的侧纵带，自眼区后方正中央具1条黑色条纹；前中眼间距大于前中侧眼间距，后中眼间距等于后中眼直径；颚叶红棕色，端部色浅，内侧缘具灰色毛丛；胸板黑棕色，心脏形，具稀疏长黑毛；螯肢棕黑色，粗而短，触肢棕褐色，步足棕褐色，密生黑毛；腹部灰褐色，长卵圆形，两侧具黑褐色纵条纹，密被灰色绒毛。

寄主与习性：捕食小型昆虫。

黑斑卷叶蛛 *Dictyna felis* Boesenberg et Strand 卷叶蛛科 Dictynidae

形态特征：雌蛛体长4.0~6.0 mm，背甲暗褐色；头区具3~5纵行白色毛；颈沟、放射沟和中窝颜色较深；后眼列稍长于前眼列，前中眼最小；下唇三角形；胸板心形；腹部背面的前半部正中有纵斑，后半部有数个“山”字形纹。雄蛛体长2.0~4.0 mm，体形与斑纹同雌蛛，但筛器和栉器稍退化。

寄主与习性：捕食蚜虫等小型昆虫。

盖蛛 *Neriene* sp.　　皿蛛科 Linyphiidae

形态特征： 体长7.0~11.0 mm，背甲棕黄色；头部黑色，隆起；胸板灰褐色；螯肢和触肢淡黄褐色，步足浅灰色，后跗节和跗节褐色；腹部背面黄褐色，后端两侧角突出，后缘弧形。

寄主与习性： 捕食小型昆虫。

盲蛛目

Opiliones

黑长足盲蛛 *Leiobunum rotundum*(Latr.)

长踦科 Phalangiidae

形态特征：体长3.0~7.0 mm，体椭圆形；头部顶端白色，头胸部和腹部间无明显的分隔；背板棕色，有光泽，具白色斑点组成的横条纹，侧面观扁平；螯肢、步足黑色，等长，足距可达10.0cm以上，不吐丝。

寄主与习性：捕食小型昆虫、螺类和取食植物屑等。

灰长足盲蛛 *Leiobunum* sp.

长踦科 Phalangiidae

形态特征：体长3.0~7.0 mm，体棕褐色，椭圆形；头部棕色，头胸部和腹部间无明显的分隔；背板棕色，有光泽，具白色斑点组成的横条纹，侧面观扁平；螯肢、步足黄棕色，等长，足距可达10.0 cm以上，不吐丝。

寄主与习性：捕食小型昆虫、螺类和取食植物屑等。

等足目

Isopoda

寻常卷甲虫 *Armadillidium vulgare* (Latreille)　卷甲虫科 Armadillidiidae

又名潮虫、西瓜虫、弹丸虫，中药称之为鼠妇。

形态特征：体长8.0~18.0 mm，体长卵形，宽约为长的一半，背部显著弓形，受触动卷曲成球形；头前缘中央及左右角无明显突起；第1触角很小，第2触角短；腹部第3~5节的侧缘与尾节后缘联成半圆形。雄虫第1腹肢的外肢如鳃盖状，内肢较细长，末端弯曲呈微钩状；体表颜色多变。

寄主与习性：喜栖息于朽木、腐叶、石块等下面；捕食昆虫或取食植物的根、叶。

带马陆目

Polydesmida

马陆 *Kronopolites svenhedind* (Verhoeff) 圆马陆科 Marucaceae

又名千足虫、千脚虫、秤杆虫、香烟虫。

形态特征：体长60.0~120.0 mm，体暗褐色，背面两侧和步肢赤黄色；头部具1对触角、1对大颚和1对小颚；眼为聚眼，躯干近20节，第1节与头部愈合，第2~4节各具1对步足和1对气孔，自第5节开始，各具2对步足和2对气孔；在第2对足基部具1对生殖孔。

寄主与习性：取食腐殖质、土壤昆虫，有时也为害植物。

北京小直形马陆 *Orthomorphella pekuensis* (Karsch) 奇马陆科 Paradoxosomatidae

又名北京山蛩虫。

形态特征：体长30.0~35.0 mm，体黑色，具金属光泽；身体两侧黄色，足黑色。

寄主与习性：北京常见，地面爬行；取食腐殖质、土壤昆虫，有时为害食用菌。

蚰蜒 *Scutigera coleoptrata* (Linnaeus)　　蚰蜒科 Scutigeridae

又名蠼螋、钱串子、千足虫、香油虫、草鞋虫、狗爬叉。

形态特征：蚰蜒主要由头部及毒牙、触角、背板、腹板、15对步足和内脏团等部分组成；体长25.0~50.0 mm，背板具硬壳；头部最前端着生2根触角，长度与体长基本相同，由基部到末端渐细；头部两侧对称生长着由大量单眼组成的伪复眼；腹板共有15节，相邻两节之间上下重叠以鱼鳞状排列；步足很长且脆弱，由头部向尾部依次变长，最后1对足最长，称为肛足。

寄主与习性：捕食小型昆虫等。

参考文献

[1] 周尧. 中国蝴蝶原色图鉴. 郑州：河南科学技术出版社，1999.
[2] 周尧. 中国蝴蝶分类与鉴定. 郑州：河南科学技术出版社，1998.
[3] 何俊华，等. 浙江蜂类志. 北京：科学出版社，2004.
[4] 霍科科，任国栋，郑哲民. 秦巴山区蚜蝇区系分类. 北京：中国农业科学技术出版社，2007.
[5] 李竹，杨定，李枢强. 北京地区常见昆虫和其他无脊椎动物. 北京：北京科学技术出版社，2011.
[6] 岳颖，汪阗. 北京蜻蜓生态鉴别手册. 武汉：武汉大学出版社，2013.
[7] 虞国跃. 中国瓢虫亚科图志. 北京：化学工业出版社，2010.
[8] 虞国跃，王合. 北京林业昆虫图谱. 北京：科学出版社，2018.
[9] 虞国跃. 北京访花昆虫图谱. 北京：电子工业出版社，2018.
[10] 虞国跃. 北京甲虫生态图谱. 北京：科学出版社，2020.
[11] 虞国跃. 我的家园——昆虫图记. 北京：电子工业出版社，2017.
[12] 张培毅. 雾灵山昆虫生态图鉴. 哈尔滨：东北林业大学出版社，2013.
[13] 张培毅. 高黎贡山昆虫生态图鉴. 哈尔滨：东北林业大学出版社，2011.
[14] 张志升. 常见蜘蛛野外识别手册. 重庆：重庆大学出版社，2011.
[15] 刘银忠，赵建铭. 山西省寄蝇志. 北京：科学出版社，1998.
[16] 张小谷，陶热. 庐山常见昆虫识别图谱. 南昌：江西人民出版社，2015.
[17] 韩辉林，姚小华. 江西官山国家级自然保护区习见夜蛾科图鉴. 哈尔滨：黑龙江科学技术出版社，2018.
[18] 孙丰军. 北京林业大学实验林场昆虫图谱. 北京：经济管理出版社，2019.
[19] 范滋德. 中国常见蝇类检索表. 北京：科学出版社，1965.
[20] 郭正福，梁艳萍. 江西林业有害生物图鉴. 南昌：江西科学技术出版社，2017.
[21] 高士武. 北京平原地区林业有害生物. 哈尔滨：东北林业大学出版社，2012.
[22] 马忠余，薛万琦，冯炎. 中国动物志（昆虫纲 第二十六卷）双翅目 蝇科（棘蝇亚科）. 北京：科学出版社，2002.
[23] GAULD I，BOLTON B. 膜翅目. 杨忠岐，译. 香港：香港天则出版社，1992.
[24] 彩万志，崔建新，刘国卿，等. 河南昆虫志（半翅目：异翅亚目）. 北京：科学出版社，2017.
[25] 萧刚柔，黄孝运，周淑芷，等. 中国经济叶蜂志. 西安：天则出版社，1991.
[26] 张润志，乔格侠. 常见蚜虫生态图鉴. 北京：科学出版社，2020.
[27] 孙成明，王悦山，王志明. 中国长白山常见林业有害生物. 长春：吉林人民出版社，2008.

中文名索引

D

E

F

G

H

J

K

L

M

N

O

P

Q

R

S

X

Y

Z

拉丁学名索引

B

C

E

F

G

M

N

O

P

R

S